高等职业教育大数据技术专业系列教材

Hadoop
大数据集群部署及数据存储项目化教程

张立辉　主编

化学工业出版社

·北京·

内容简介

本书从实用角度出发,围绕 Linux 操作系统和 Hadoop 集群部署,从虚拟机安装入手,结合典型项目和案例,较为全面地介绍了大数据开发技术平台 Hadoop 及其生态系统的相关知识。主要内容包括大数据技术中的 Hadoop 集群部署、HDFS、MapReduce、Hive、HBase 和 Sqoop 等。全书所有知识点都结合具体的编程示例讲解,重要知识点配有视频讲解。

本书可作为高等职业院校大数据技术、软件技术、计算机网络技术、人工智能技术等专业的教材,也可作为大数据爱好者的参考书,同时也可作为企业培训教材。

图书在版编目(CIP)数据

Hadoop 大数据集群部署及数据存储项目化教程 / 张立辉主编. —北京:化学工业出版社,2024.3
高等职业教育大数据技术专业系列教材
ISBN 978-7-122-44858-3

Ⅰ.①H… Ⅱ.①张… Ⅲ.①数据处理软件-高等职业教育-教材 Ⅳ.①TP274

中国国家版本馆 CIP 数据核字(2024)第 023654 号

责任编辑:潘新文　　　　　　　装帧设计:韩　飞
责任校对:宋　夏

出版发行:化学工业出版社
(北京市东城区青年湖南街 13 号　邮政编码 100011)
印　　装:北京科印技术咨询服务有限公司数码印刷分部
787mm×1092mm　1/16　印张 14　字数 339 千字
2024 年 4 月北京第 1 版第 1 次印刷

购书咨询:010-64518888　　　售后服务:010-64518899
网　　址:http://www.cip.com.cn
凡购买本书,如有缺损质量问题,本社销售中心负责调换。

定　　价:48.00 元　　　　　　　　　版权所有　违者必究

前言

人类社会已完全进入大数据时代！当前大数据技术无处不在，正迅速深度融入金融、汽车、餐饮、电信、能源、政务、医疗、体育、娱乐等社会各行各业，并带来效益的显著提升，人们忽然发现积累十几年的老数据里竟然埋着巨大的财富，可以说，数据就是生产力！随着大数据技术的广泛应用，数据的存储和处理显得至关重要，相应地，大数据运维人才的需求量与日俱增。

本书以应用项目实例为载体，从实用角度出发，从虚拟机安装入手，结合典型项目和案例，全面介绍了大数据开发技术平台 Hadoop 及其生态系统的相关知识，包括 Hadoop 集群部署、HDFS、MapReduce、Hive、HBase 和 Sqoop 等。书中每个知识点都结合具体的编程示例进行描述，对于重要知识点提供视频讲解，以便更好地帮助读者学习和理解大数据的核心技术。本书还设计有实践性课后练习，以巩固学生对知识点的理解和掌握。

本书适用性和可操作性强，所讲内容与大数据运维等相关岗位和职业技能大赛密切结合。同时在编写过程中充分参考了最近几届全国职业院校大数据技能竞赛和全国大学生大数据技能竞赛的知识点和技能点，将相关考点融入本书，为感兴趣的学生提供更好的参考。

本书主要特点：

（1）配套资源丰富。本书提供教学大纲、教学课件、电子教案、程序源码等多种教学资源，对重要的知识点和操作方法提供视频讲解，扫描书中对应的二维码可以在线观看、学习。

（2）紧跟时代潮流，注重技术变化。针对 Hadoop 集群部署、HDFS、MapReduce 编程、HBase 和 Sqoop 的相关知识和操作，引入主流大数据开源组件，使学生掌握的知识点、技能点更贴近毕业后的就业岗位。

（3）参加本书编写的教师具有多年的教学和企业实践经验，内容实践性强，重点、难点突出，能够激发学生的学习热情。

学生在使用本书时，如果在理解知识点的过程中遇到疑问，可不必纠结于所遇到的具体问题，继续往后学习，通常来讲，随着后面知识点的不断深入，前面看不懂的知识点一般就能逐渐理解。在动手练习的过程中遇到问题时，建议多思考，理清思路，认真分析问题发生的原因，并在问题解决后多进行总结。

全书各章主要内容如下。

第 1 章主要讲解 Hadoop 的安装,使学生对大数据有初步认识,了解 Hadoop 的起源、特点和生态圈,掌握虚拟机的安装、JDK 安装和配置、Hadoop 的安装等知识和技能。

第 2 章主要讲解 Hadoop 集群部署。通过学习,学生可以了解 Linux 环境设置、Hadoop 配置,对 Yarn 基本服务组件、应用执行过程有初步认识,掌握集群网络配置、配置文件设置和集群部署等技能。

第 3 章主要讲解 Hadoop 分布式文件系统 HDFS。通过学习,学生可以对 HDFS 的设计原则和核心概念有初步认识,掌握 HDFS 常用的 Shell 命令和工作机制。

第 4 章主要讲解 MapReduce 原理和编程。通过学习,学生能够熟悉 MapReduce 的执行过程,掌握开发工具 IDEA 的安装配置、MapReduce 的输入/输出类型,了解 MapReduce 程序实现思路。

第 5 章主要讲解 MapReduce 高级编程。通过利用 MapReduce 程序实现课程安排和成绩排序的案例,使学生对 MapReduce 编程有更深入的理解,掌握 MapReduce 的合并编程、分区编程、连接、排序等。

第 6 章讲解数据仓库工具 Hive。通过学习,学生可以掌握 Hive 体系结构和设计特征、Hive 的安装和基本操作、数据导入导出及分析等。

第 7 章介绍 HBase 数据库。通过学习,学生可以掌握 HBase 体系结构和读写流程、HBase 的安装、Shell 命令操作和 API 操作等。

第 8 章主要讲解数据转换和迁移工具 Sqoop,包括 Sqoop 工作原理、安装和基本命令,关系数据库管理系统 RDBMS 到 HDFS 的数据同步,利用 Sqoop 将 MySQL 数据库中的表数据导入 Hive 和 HBase 中等。

本书由张立辉担任主编,主要编写第 1 章~第 3 章;郭明珠编写第 4 章;张蕊编写第 5 章;刘心美编写第 6 章;孙佳帝编写第 7 章;吴智和韩冬梅共同编写第 8 章。通号郑州电气化局刘少轩进行了全书审稿工作。

本书可作为高等职业院校大数据技术、软件技术、计算机网络技术、人工智能技术等专业的教材,也可作为大数据爱好者的自学参考用书,同时也可作为企业培训教材。

由于编写时间紧,加之编写水平有限,书中难免有不妥或疏漏之处,敬请广大读者批评指正!

编者

2023 年 10 月

目 录

第1章 Hadoop 概述 ... 1

- 1.1 大数据认知 ... 1
  - 1.1.1 大数据的定义 ... 1
  - 1.1.2 大数据的应用领域 ... 2
  - 1.1.3 大数据的特征 ... 4
  - 1.1.4 大数据的技术架构 ... 5
- 1.2 Hadoop 认知 ... 7
  - 1.2.1 Hadoop 的发展史 ... 7
  - 1.2.2 Hadoop 的特点 ... 9
  - 1.2.3 Hadoop 的生态系统 ... 10
  - 1.2.4 Hadoop 的核心架构 ... 11
- 1.3 Hadoop 的安装和配置 ... 12
  - 1.3.1 VMWare 的安装 ... 12
  - 1.3.2 Ubuntu 系统的安装 ... 13
  - 1.3.3 Linux 常用命令 ... 15
  - 1.3.4 JDK 安装和配置 ... 16
  - 1.3.5 Hadoop 的安装 ... 18
- 课后练习 ... 19

第2章 Hadoop 集群部署 ... 20

- 2.1 Linux 环境设置 ... 20
  - 2.1.1 创建用户（组） ... 20

2.1.2　Windows 和 Linux 系统间文件传输 …………………………… 22
　　　2.1.3　更新 apt ………………………………………………………… 24
　　　2.1.4　vim 编辑器的应用 ……………………………………………… 25
　　　2.1.5　网络配置 ………………………………………………………… 25
　2.2　Hadoop 伪分布式搭建 ……………………………………………………… 27
　　　2.2.1　环境变量的配置 ………………………………………………… 27
　　　2.2.2　SSH 安装 ………………………………………………………… 28
　　　2.2.3　core-site.xml 配置文件 ………………………………………… 30
　　　2.2.4　hdfs-site.xml 配置文件 ………………………………………… 30
　　　2.2.5　Hadoop 伪分布式运行实例 …………………………………… 31
　2.3　Yarn 认知 …………………………………………………………………… 33
　　　2.3.1　初识 Yarn ………………………………………………………… 33
　　　2.3.2　Yarn 基本服务组件 ……………………………………………… 33
　　　2.3.3　Yarn 执行过程 …………………………………………………… 34
　2.4　Hadoop 分布式搭建 ………………………………………………………… 35
　　　2.4.1　部署前准备 ……………………………………………………… 35
　　　2.4.2　网络配置 ………………………………………………………… 37
　　　2.4.3　配置文件的设置 ………………………………………………… 37
　　　2.4.4　分布式部署 ……………………………………………………… 38
课后练习 ……………………………………………………………………………… 39

第3章　分布式文件系统 HDFS　　　　　　　　　　　　　　　41

　3.1　HDFS 认知 …………………………………………………………………… 42
　　　3.1.1　HDFS 的了解 ……………………………………………………… 42
　　　3.1.2　HDFS 的特性 ……………………………………………………… 43
　　　3.1.3　HDFS 的设计思想 ………………………………………………… 44
　　　3.1.4　HDFS 的核心概念 ………………………………………………… 44
　3.2　HDFS 常用 shell 命令 ……………………………………………………… 47
　　　3.2.1　HDFS 查看命令 …………………………………………………… 47
　　　3.2.2　HDFS 目录操作命令 ……………………………………………… 48

  3.2.3 文件操作 ·· 49
 3.3 HDFS 基础编程 ·· 52
  3.3.1 用 HDFS API 上传本地文件 ····························· 52
  3.3.2 用 HDFS API 创建 HDFS 文件 ··························· 54
  3.3.3 用 HDFS API 读取和写入文件 ··························· 55
  3.3.4 用 HDFS API 创建 HDFS 目录 ··························· 56
  3.3.5 用 HDFS API 查找文件所在位置 ························· 57
 3.4 HDFS 工作机制 ·· 58
  3.4.1 HDFS 写数据流程 ····································· 58
  3.4.2 HDFS 读数据流程 ····································· 59
  3.4.3 NameNode 工作机制 ··································· 60
  3.4.4 DataNode 工作机制 ··································· 61
 3.5 HDFS 客户信息管理 ·· 62
  3.5.1 环境搭建 ·· 62
  3.5.2 写入客户信息 ·· 66
  3.5.3 读取客户信息 ·· 69
课后练习 ·· 69

第 4 章 MapReduce 编程　　　　　　　　　　　　　　71

 4.1 MapReduce 的工作原理 ····································· 71
  4.1.1 MapReduce 的由来和特点 ······························· 72
  4.1.2 MapReduce 执行过程 ·································· 73
  4.1.3 MapTask 执行过程 ···································· 75
  4.1.4 Reduce 执行过程 ····································· 76
  4.1.5 Shuffle 执行过程 ···································· 77
 4.2 MapReduce 程序编写 ······································· 78
  4.2.1 开发工具 IDEA 的安装 ································· 78
  4.2.2 MapReduce 输入/输出类型 ······························ 81
  4.2.3 MapReduce 输入处理类 ································ 81
  4.2.4 MapReduce 输出处理类 ································ 83

4.2.5　入门案例—WordCount ………………………………… 84
　4.3　统计网站最大访问次数 …………………………………………… 87
　　　4.3.1　实体类 …………………………………………………… 87
　　　4.3.2　Mapper 类 ………………………………………………… 88
　　　4.3.3　Reducer 类 ………………………………………………… 89
　　　4.3.4　项目驱动类 ………………………………………………… 90
课后练习 ………………………………………………………………… 91

第 5 章　MapReduce 高级编程　　　　　　　　　　　　　92

　5.1　MapReduce 高级开发一 …………………………………………… 92
　　　5.1.1　Combiner 编程 ……………………………………………… 93
　　　5.1.2　Partitioner 编程 …………………………………………… 94
　　　5.1.3　RecordReader 编程 ………………………………………… 97
　5.2　MapReduce 高级开发二 …………………………………………… 102
　　　5.2.1　MapReduce 连接操作 ……………………………………… 103
　　　5.2.2　MapReduce 排序操作 ……………………………………… 109
　　　5.2.3　MapReduce 多文件联合查询 ……………………………… 111
　5.3　实现课程名称和成绩的二次排序 ………………………………… 115
　　　5.3.1　实体类 ……………………………………………………… 115
　　　5.3.2　Mapper 类 ………………………………………………… 116
　　　5.3.3　Reducer 类 ………………………………………………… 117
　　　5.3.4　项目驱动类编写 …………………………………………… 117
课后练习 ………………………………………………………………… 118

第 6 章　Hive 数据仓库　　　　　　　　　　　　　　　　120

　6.1　什么是 Hive ………………………………………………………… 121
　　　6.1.1　Hive 简介 …………………………………………………… 121
　　　6.1.2　为什么使用 Hive …………………………………………… 121

  6.1.3　Hive 的优缺点 ···122
  6.1.4　Hive 体系结构 ···122
  6.1.5　Hive 设计特征 ···123
 6.2　Hive 安装 ··124
  6.2.1　伪分布式安装与配置 Hive ································124
  6.2.2　安装与配置 MySQL ··126
 6.3　Hive 基本操作 ··128
  6.3.1　Hive 数据类型 ···128
  6.3.2　数据库操作 ··129
  6.3.3　内部表操作 ··131
  6.3.4　外部表操作 ··139
  6.3.5　分区表操作 ··139
  6.3.6　分桶表操作 ··143
  6.3.7　Hive 数据操作 ···144
 6.4　实现购物用户数据清洗项目 ·····································148
  6.4.1　导入数据 ···148
  6.4.2　数据分析 ···149
  6.4.3　数据导出 ···150
课后练习 ··150

第 7 章　HBase 数据库　　　152

 7.1　HBase 认知 ··153
  7.1.1　HBase 简介 ···153
  7.1.2　HBase 体系结构 ··153
  7.1.3　HBase 写数据流程 ···154
  7.1.4　HBase 读数据流程 ···155
 7.2　HBase 安装 ··156
  7.2.1　下载软件 ···156
  7.2.2　伪分布式安装与配置 ·······································157

- 7.3 HBase shell 操作命令 ································· 159
  - 7.3.1 HBase 数据模型 ································· 159
  - 7.3.2 数据表空间操作 ································· 161
  - 7.3.3 数据表操作 ····································· 164
  - 7.3.4 数据操作 ······································· 170
- 7.4 HBase API 操作 ······································ 174
  - 7.4.1 HBase 常用的 API ································ 175
  - 7.4.2 Configuration 对象 ····························· 175
  - 7.4.3 HTable 句柄创建 ································ 178
  - 7.4.4 HBase 数据的 CRUD 操作 ·························· 179
- 7.5 学生成绩管理 ·· 187
  - 7.5.1 学生成绩表数据准备 ····························· 187
  - 7.5.2 学生成绩表设计分析 ····························· 188
  - 7.5.3 学生成绩表代码实现 ····························· 189
- 课后练习 ·· 191

第 8 章 Sqoop 导入和导出   193

- 8.1 概述 ·· 194
  - 8.1.1 Sqoop 产生背景 ·································· 194
  - 8.1.2 Sqoop 是什么 ··································· 194
  - 8.1.3 为什么选择 Sqoop ······························· 194
- 8.2 工作原理 ·· 195
  - 8.2.1 导入机制 ······································· 195
  - 8.2.2 导出机制 ······································· 196
- 8.3 安装 ·· 196
  - 8.3.1 前提准备 ······································· 196
  - 8.3.2 下载 Sqoop ····································· 197
  - 8.3.3 安装 Sqoop ····································· 198
  - 8.3.4 配置 Sqoop ····································· 199
  - 8.3.5 MySQL 驱动包 ··································· 199

        8.3.6　验证 Sqoop ……………………………………200
　8.4　Sqoop 的基本命令 …………………………………………200
        8.4.1　基本操作 ……………………………………………200
        8.4.2　示例 …………………………………………………200
　8.5　数据导入和导出 ……………………………………………208
        8.5.1　从 RDBMS 导入 HDFS 中 …………………………208
        8.5.2　MySQL 数据导入 Hive 中 …………………………209
        8.5.3　MySQL 数据导入 HBase …………………………209
课后练习 ……………………………………………………………210

参考文献　　　　　　　　　　　　　　　　212

第 1 章　Hadoop 概述

学习目标

- 了解大数据定义及应用
- 了解 Hadoop 的发展史和架构
- 掌握 Hadoop 的安装和配置

Hadoop 在大数据技术体系中的地位至关重要，Hadoop 是大数据技术的基础，对 Hadoop 基础知识掌握的程度，会决定技术人员在大数据技术运维领域发展前景。

关于 Hadoop 的学习方法很多，网上也有很多学习路线图。本章以安装部署 Apache Hadoop 2.x 为主线，介绍 Hadoop 2.x 的架构组成、各模块协同工作的原理和技术细节。

1.1 大数据认知

1.1.1 大数据的定义

1.1.1.1 大数据就是数据的集合

对于大数据（Big Data），高德纳咨询公司（Gartner Group）给出了这样的定义：大数据是需要新处理模式来适应才能产生更强的决策力、洞察力和流程优化能力的海量、高增长率和多样化的信息资产。

麦肯锡公司给出的大数据定义是：一种规模大到在获取、存储、管理、分析方面大大超出传统数据库软件工具能力范围的数据集合，具有规模性、高增长性、多样性、价值性四大特征。

大数据就是规模很大的数据。大数据的核心价值在于存储和分析海量数据；大数据技术的战略意义不在于掌握大量数据信息，而在于专业处理这些有意义的数据。换句话说，如果把大数据比作一个行业，这个行业盈利的关键在于提高数据的加工能力，通过加工实现数据的增值。

从技术上看，大数据与云计算就像一枚硬币的正反面一样密不可分。大数据必然无法用单台计算机进行处理，必须采用分布式架构对海量数据进行分布式数据挖掘，而这必须依托云计算的分布式处理、分布式数据库和云存储、虚拟化技术。

1.1.1.2 大数据的关键技术

大数据需要特殊的技术，以有效地处理大量的数据。适用于大数据的技术包括大规模并行处理（Massively Parallel Processing，MPP）、数据库、数据挖掘、分布式文件系统、分布式数据库、云计算平台、互联网和可扩展的存储系统。

例如，人们在网购时需要先注册账号才能进行登录，其次挑选商品、加入购物车、付款、查看货物的物流信息等。在整个的购物过程中产生的信息，在计算机中被称为数据，产生的数据都会存储到购物网站的服务器里。随着用户量的增加，每天都会产生数以亿计的数据，这些数据被存储到购物网站服务器里。由于这些数据很庞大，所以被称为大数据。计算机再根据用户的基本数据，在后台进行智能分析，就能分析出指定用户的购物喜好、某些产品的销售量等信息，最后根据大数据的分析结果，向用户推送指定商品，这就是大数据时代，一个快速、便捷时代。

由于有海量的数据，存储和分析这些数据最首要的就是要解决效率的问题。那么如何快速存储和分析海量的数据？目前又都采用了一些什么技术？首先，Java 语言对于大数据的开发，是必须精通掌握的基础语言；其次，必须了解网络编程及 MySQL 数据库等；再次，需要了解集群技术，因为海量的数据需要采用多个数据库（即分布式存储）来进行存储和处理，目前被广泛采用的解决方案是 Hadoop 架构。Hadoop 具有高容错性、高吞吐量的特点，适合超大数据集的访问。虽然 Hadoop 的高吞吐、海量数据处理的能力使人们可以方便地处理海量数据，但 Hadoop 不擅长实时计算，这使得另一项大数据技术 Storm 应运而生。Storm 具有实时数据处理能力，如某用户昨天在淘宝网购买了一双鞋，今天又想买一顶帽子，而大数据分析的结果还是昨天的，系统不断地向他推荐鞋子，却没有考虑用户今天的需求；然而使用了 Storm 技术，就会实时地分析用户的需求，系统就会根据分析结果及时向用户推荐帽子。大数据的另一项技术 Apache Spark 是一个围绕速度、易用性和复杂分析构建的大数据处理框架，用于配合 Hadoop 和 Storm 技术处理大数据，通过并行化的计算加快大数据的处理。

1.1.2 大数据的应用领域

提到"大数据"，你会想到什么？很多人会想到的是如图 1-1 所示的场景，单纯地由若干台服务器组成。

图 1-1　大数据机房

也许有一部分人会联想到如图 1-2 所示的购物网站上的商品推荐页面。

猜你喜欢

图 1-2　购物网站商品推荐页面

随着技术的发展，现在的大数据所涉及的深度和广度远远不止这些内容及功能，大数据已经在社会实践中发挥着巨大的优势，其利用价值也超出了人们的想象。大数据可以实现的应用可以概括为两个方向，一个是正确的定制，另一个是预测。例如通过搜索引擎搜索同样的内容，每个人得到的结果是不一样的。

1）根据业务发展挖掘和定位客户

这是大数据目前最广为人知的应用领域。很多企业热衷于社交媒体数据、浏览器日志、文本挖掘等各类数据集，通过大数据技术创建预测模型，从而更全面地了解客户的行为和喜好。

利用大数据，美国零售商塔吉特公司（Target）甚至能推测出客户何时会孕育下一代；电信公司可以及时地预测客户的流失；零售公司可以更准确地预测产品销售的情况；汽车保险公司能更真实地了解客户的实际驾驶情况；滑雪场利用大数据可以追踪和锁定客户。所以，如果你是一名狂热的滑雪者，你会收到最喜欢的度假胜地的邀请，定制化服务的短信提醒，告知你最合适的滑行线路，同时提供互动平台（网站、手机 App）记录每天的数据——多少次滑坡、多少次翻越等，你还可以在社交媒体上分享这些信息，与家人和朋友进行相互评比和竞赛。

2）了解和优化业务流程

大数据也越来越多地应用于优化业务流程，如供应链、配送路径优化，通过定位和识别系统来跟踪货物或运输车辆，并根据实时交通路况数据优化运输路线。

人力资源业务流程也在使用大数据进行优化。Sociometric Solutions 公司通过在员工的工牌里植入传感器，监测其工作场所及社交活动——员工在哪些工作场所走动，与哪些人员交谈，甚至交流时的语气如何。美国银行使用大数据技术发现呼叫中心表现最好的员工，他们制定了小组轮流休息制度，平均业绩提高了 23%。

如果在手机、钥匙、眼镜等随身物品上粘贴 RFID 标签，将来不小心丢失后便能迅速定位它们；未来可能创造出贴在任何东西上的智能标签，它们能告诉你的不仅是物体在哪里，还可以反馈温度、湿度、运动状态等，这将打开一个全新的大数据时代。如果说"大数据"领域寻求共性的信息和模式，那么孕育其中的"小数据"着重关注单个产品。

3）提供个性化服务

大数据不仅适用于公司，它和个体也息息相关。例如，Jawbone 公司的智能手环可以分析用户的热量消耗、活动量和睡眠质量。Jawbone 公司已经能够收集长达 60 年的睡眠数据，从中分析总结出有针对性的意见，反馈给每个用户。大多数婚恋网站都使用大数据分析工具和算法为用户匹配最合适的对象。

4）改善医疗保健和公共卫生

大数据分析可以在几分钟内解码整个 DNA 序列，有助于找到新的治疗方法，更好地理解和预测疾病模式。试想一下，当来自所有可穿戴设备收集的数据，都可以应用于数百万人及其各种疾病时，未来的临床试验将不再局限于小样本。

苹果公司的一款健康 App——ResearchKit 有效将手机变成医学研究设备，它通过收集用户的相关数据，可以追踪用户一天所走的步数，或者了解用户化疗后感觉、帕金森病进展情况等问题。研究人员希望这一过程变得更简单、更自动化，吸引更多的参与者，同时提高数据的准确度。

大数据技术也开始用于监测早产儿和患病婴儿的身体状况。通过记录和分析婴儿的每一次心跳和呼吸模式，提前 24 小时预测出身体感染的症状，从而及早干预，拯救那些脆弱的、随时可能有生命危险的婴儿。

更重要的是，大数据分析有助于我们监测和预测传染性疾病的暴发，将医疗记录的数据与有些社交媒体的数据结合起来分析。

5）提高体育运动技能

如今大多数顶尖的体育赛事都采用了大数据分析技术。通过大数据技术，可以分析跟踪足球落点或者比赛中每个球员的表现。许多优秀的运动队也在训练之外跟踪运动员的营养和睡眠情况。NFL 开发了专门的应用平台，帮助球队根据球场草地状况、天气状况，以及学习期间球员的个人表现做出最佳决策，以减少球员不必要的受伤。

还有一种智能瑜伽垫：嵌入在瑜伽垫中的传感器能对人体的姿势进行反馈，为瑜伽练习打分，甚至指导如何练习。

1.1.3 大数据的特征

大数据是数据分析的基础，简单地说，从各种类型的数据中快速获得有价值的信息的技术，就是大数据技术。

大数据的四个主要特点可以概括为"4V"，具体如下所述。

1）规模性（Volume）

大数据由大量数据组成，从几个 TB 到几个 ZB。这些数据可能会分布在许多地方，通常是在一些连入因特网的计算网络中。

一般来说，凡是满足大数据特点的数据都会因为量太大而无法被单独的计算机处理。单单这一个问题就需要一种不同的数据处理思路，这也使得并行计算技术（如 MapReduce）得以迅速崛起。

2）高速性（Velocity）

大数据是动态的，通常处于很高的传输速度之下，它经常被认为是数据流，而数据流通常是很难被归档的（考虑到有限的网络存储空间，单单是高速就已经是一个巨大的问题），这就是为什么只能收集到数据其中的某些部分。如果我们有能力收集数据的全部，长时间存储大量数据也会显得代价非常高，所以应周期性地收集数据，遗弃一部分数据以节省空间，仅保留数据摘要（如平均值和方差）。

这个问题在未来会显得尤为严重，因为越来越多的数据正以越来越快的速度产生。

3）多样性（Variety）

在过去，数据或多或少是同构的，这种特点也使得它更易于管理。而在大数据中，由于数据的来源各异，因此形式各异，它体现为各种不同的数据结构类型，包括半结构化及完全非结构化的数据类型。

结构化数据多出现在传统数据库中，数据的类型被预定义在定长的列字段中。半结构化数据有一些结构特征，但不总是保持一致（如 JSON 文件），使得这种类型难以处理；更富于挑战的是非结构化数据（如纯文本文件）毫无结构特征可言。在大数据中，更常见的是半结构化数据，而且数据源的数据格式还各不相同。

4）价值性（Value）

尽管企业拥有大量数据，但是发挥作用的仅是其中非常小的部分。而大数据真正的价值体现在从大量不相关的各种类型的数据中挖掘出对未来趋势与模式预测分析有价值的数据，并通过机器学习的方法、人工智能的方法或数据挖掘方法深度分析，并运用于农业、金融、医疗等各个领域，以期创造更大的价值。

1.1.4 大数据的技术架构

大数据技术是一系列技术的总称，它集合了数据采集与传输、数据存储、数据处理与分析、数据挖掘、数据可视化等技术，是一个庞大而复杂的技术体系。

因为大数据的处理流程主要是获取数据、清洗数据、存储数据和数据应用几个环节，所以将大数据技术架构可分为数据收集层、数据存储层、数据处理层、数据治理与建模层、数据应用层。

1.1.4.1 数据收集层

大数据收集层主要采用了大数据采集技术，实现对数据的 ETL 操作，ETL 是英文 Extract Transform Load 的缩写，数据从数据来源端经过抽取（Extract）、转换（Transform）、加载（Load）到达目的端。用户从数据源抽取出所需的数据，经过数据清洗，最终按照预先定义好的数据模型，将数据加载到数据仓库中去，最后对数据仓库中的数据进行数据分析和处理。数据采集是数据分析生命周期的重要一环，它通过传感器数据、社交网络数据、移动互联网数据等方式获得各种类型的结构化、半结构化及非结构化的海量数据。在现实生活中，数据产生的种类很多，并且不同种类的数据产生的方式不同。对于大数据采集的数据类型，主要有以下三类。

1）互联网数据

互联网数据通过网络爬虫和一些网站平台提供的公共 API 等从网站上获取，可以将非结构化数据和半结构化数据的网页数据从网页中提取出来，并将其清洗，转换成结构化的数据，存储为统一的本地文件数据。目前常用的网络爬虫系统有 Apache Nutch、Crawler4j、Scrapy 等框架。

2）系统日志数据

许多公司的业务平台每天都会产生大量的日志数据。基于这些日志信息，我们可以得出很多有价值的数据，即通过对这些日志信息进行收集、数据分析，挖掘出公司业务平台日志数据的潜在价值，为公司决策和公司后台服务器平台性能评估提供可靠的数据保证。系统日志采集系统做的事情就是收集日志数据，提供给离线和在线的实时分析使用。目前常用的开源日志收集系统有 Flume、Scribe 等。

3）数据库数据

一般企业会使用传统的关系型数据库 MySQL 和 Oracle 等来存储数据。Redis 和 MongoDB 这样的 NoSQL 数据库也常用于数据的采集，企业每时每刻产生的业务数据都会直接写入数据库中。

1.1.4.2 数据存储层

当大量的数据收集完后，需要对其进行存储。数据的存储分为持久化存储和非持久化存储。持久化存储表示把数据存储在磁盘中，关机或断电后，数据依然不会丢失。非持久化存储表示把数据存储在内存中，读写速度快，但是关机或断电后，数据丢失。

对于持久化存储而言，最关键的是文件系统和数据库系统。常见的为分布式文件系统 HDFS、分布式非关系型数据库系统 HBase 及另一个非关系型数据库系统 MongoDB。

支持非持久化的系统包括 Redis、Berkeley DB 和 Memcached，它们为前述的存储数据库提供了缓存机制，可以大幅地提升系统的响应速度，降低持久化存储的压力。

由于传统的关系型数据库在分布式、扩展性及高可用性方面存在一定的瓶颈，因而很难适应大数据场景，不建议作为主要的存储和计算系统。

数据存储层主要负责数据的落地和存储，包括了关系型数据和非关系型数据，并拥有中央化的调度体系。数据存储层主要有如下特点。

① 扩展性：作为数据落地的主要承载，数据存储层的不断增长是长期的任务，因而集群的承载能力在一定时间内总会达到瓶颈，因此，数据存储层需要考虑机器的扩展能力。

② 容错性：出于成本的考虑，数据存储层通常机器较多，因而需要建设在比较廉价的设备之上，这就要求系统自身有比较好的容错特性，在一台或多台机器出现故障时不会导致数据丢失。

③ 存储模型：由于数据的多样性，数据存储层需要支持结构化、非结构化两种类型数据，因而需要支持文本、列存等多种数据模型。

由于分布式计算的概念由谷歌公司（Google）提出，Google 通常采用 GFS、BigTable、MegaStore、Spanner 等技术方案，在以 Hadoop/Spark 为代表的开源框架下，数据存储层通常有如下几种方案选择。

① HDFS：分布式文件系统，GFS 的开源实现，具有非常好的扩展性与容错性，非常适合搭建在廉价设备上；

② HBase：以 HDFS 为基础构建的分布式数据库，BigTable 的开源实现，能够存储结构化与半结构化数据，支持行与列的无限扩展；

③ Kudu：Cloudera 开源的运行在 HDFS 上的列式存储系统，具备扩展性与高可用性。

1.1.4.3 数据处理层

在数据收集层实现数据收集以后，除了保存原始数据，做好数据备份之外，还需要考虑到利用它们产生更大的价值。那么，首先需要对这些数据进行处理。大数据处理分为两类，即在线处理和离线处理。

在线处理就是指对实时响应要求非常高的处理，如数据库的一次查询。而离线处理就是对实时响应没有要求的处理，如批量地压缩文档。通过消息机制可以提升处理的及时性。

Hadoop 的 MapReduce 计算是一种非常合适的离线批处理框架。为了提升效率，新一代的管理框架 Yarn 和更快速的计算框架 Spark 也在逐步成形。在此基础上，人们又提出了 Hive、Pig、Impala 和 Spark SQL 等工具，进一步简化了某些常见的查询。Spark Streaming 和 Storm 则在映射和归约的思想基础上，提供了流式计算框架，进一步提升了处理的实时性，同时可以利用 ActiveMQ 和 Kafka 这样的消息机制，将数据的变化及时推送到各个数据处理系统，进行增量的更新。由于消息机制的实时性更强，因此消息机制通常还会与 Spark Streaming、Storm 这样的流式计算结合起来使用。

1.1.4.4 数据治理与建模层

数据收集、数据存储和数据处理是大数据架构的基础工作。一般情况下，完成以上三个层次的数据工作，已经将数据转化为基础数据，为上层的业务应用提供了支撑。大数据时代，数据的类型多样，具有单位价值稀疏的特点，其要求对数据进行治理和融合建模，可以通过 R 语言、Python 等对数据进行 ETL 预处理，然后再根据算法模型、业务模型进行融合建模，从而更好地为业务应用提供优质底层数据。

在对数据进行 ETL 处理和建模后，需要对获取的数据进行进一步管理，可以采用相关的数据管理工具，包括元数据管理工具、数据质量管理工具、数据标准管理工具等，实现数据的全方位管理。

1.1.4.5 数据应用层

数据应用层是大数据技术和应用的目标层。通常包括信息检索、关联分析等功能。Lucene、Solr 和 Elasticsearch 这样的开源项目为信息检索的实现提供了可能。

大数据架构为数据应用层提供了一种通用的架构，还需要根据行业领域、公司技术积累及业务场景，从业务需求、产品设计、技术选型及实现方案方面具体问题具体分析，利用大数据可视化技术，进一步深入，形成更为明确的应用，包括基于大数据的交易与共享、基于开发平台的大数据应用、基于大数据的工具应用等。

1.2 Hadoop 认知

1.2.1 Hadoop 的发展史

Hadoop 为适用于大数据的分布式存储和计算平台。

Hadoop 不是指具体一个框架或者组件，它是 Apache 软件基金会下用 Java 语言开发的一个开源分布式计算平台，用于实现在大量计算机组成的集群中对海量数据进行分布式计算。

Hadoop 1.x 中包括两个核心组件：MapReduce 和 HDFS（Hadoop Distributed File System，Hadoop 分布式文件系统）。其中 HDFS 负责将海量数据进行分布式存储，而 MapReduce 负

责对数据的计算结果进行汇总。

Hadoop 起源于 Apache Nutch 项目，始于 2002 年，是 Apache Lucene 的子项目之一。2004 年，Google 在"操作系统设计与实现"（Operating System Design and Implementation，OSDI）会议上公开发表了题为 *MapReduce*：*Simplified Data Processing on Large Clusters* 的论文之后，受到启发的 Doug Cutting 等人开始尝试实现 MapReduce 计算框架，并将它与 NDFS（Nutch Distributed File System）结合，用以支持 Nutch 引擎的主要算法。由于 NDFS 和 MapReduce 在 Nutch 引擎中有着良好的应用，所以它们于 2006 年 2 月被分离出来，成为一套完整而独立的软件，并被命名为 Hadoop。到了 2008 年年初，Hadoop 已成为 Apache 的顶级项目，包含众多子项目，被应用到包括雅虎公司（Yahoo）在内的很多互联网公司，用户可以在不了解分布式底层细节的情况下，开发分布式程序，充分利用集群的威力实现高速运算和存储。

简单地说来，Hadoop 是一个可以更容易开发和运行处理大规模数据的软件平台。

Hadoop 实现了一个分布式文件系统，HDFS，它有着高容错性的特点，用来部署在低廉的硬件上，而且它提供高传输率以访问应用程序的数据，适合那些有着超大数据集的应用程序。HDFS 放宽了 POSIX 的要求，可通过流的形式访问文件系统中的数据。

Google 的数据中心使用廉价的 Linux PC 组成集群，在上面运行各种应用。即使是分布式开发的新手也可以迅速学会使用 Google 的基础设施。Google 集群系统核心组件有 3 个。

1）GFS（Google File System）

大数据解决的问题之一就是海量的数据如何进行存储。海量的数据并不是传统的 MB 级或者 GB 级数据，而是 TB 级、PB 级的数据。这就需要低成本、高效率、高可靠的储存设计。2003 年，Google 发表了 *The Google File System* 文章，阐述了解决海量数据储存的设计思想。在 Apache 下 Lucene 的子项目研究中，实现了海量数据的存储设计：分布式文件系统（也称为分布式存储）。

一个分布式文件系统隐藏了下层负载均衡、冗余复制等细节，对上层程序提供一个统一的文件系统 API 接口。Google 根据自己的需求对它进行了特别优化，包括超大文件的访问。超大文件的读操作比例远超过写操作，PC 极易发生故障造成节点失效等，GFS 把超大文件分成 64MB 的块，分布在集群的机器上，使用 Linux 的文件系统存放，每块文件至少有 3 份以上的冗余，中心是一个 Master 节点，根据文件索引，找寻文件块。

2）MapReduce

大数据解决的问题之二就是海量数据如何进行分析与计算。在编程计算里有并行编程计算框架，这并不是什么新兴的技术。Google 在 2004 年发表了文章 *MapReduce: Simplified Data Processing on Large Clusters*，阐述了基于分布式储存的海量数据并行计算解决方案思想。开源社区 Apache 的 Hadoop 项目研究实现了 MapReduce 并行计算框架，将计算与数据在本地进行，数据可分为 Map 和 Reduce 阶段，简单阐述就是采用 MapReduce（Java 语言实现）基础编程模型，把一个大任务拆分成小任务，再进行汇总。Google 发现大多数分布式运算可以抽象为 MapReduce 操作；Map 把输入 Input 分解成中间的 Key/Value 对，Reduce 把 Key/Value 合成，最终输出 Output。这两个函数由程序员提供给系统，下层设施将 Map 和 Reduce 操作分布在集群上运行，并把结果存储在 GFS 上，如图 1-3 所示。

3）BigTable

大数据解决的问题之三就是对海量的数据进行分析后，如何提高查询和利用数据的效率，这是需要解决的重点问题。数据库的产生就是为了提高查询和利用数据的效率，然而现有的数据库并不能满足分布式储存的需求。Google 工程师在 2006 年发表了文章 *BigTable: A Distributed Storage System for Structured Data*，文中阐述了基于分布式储存的数据库设计思想。就这样，数据库从关系型数据库时代进入了非关系型数据库时代。BigTable 设计思想是把所有的数据保存到一张表中，采用冗余方式（提高效率和可靠性）存储，基于此设计思想，开源实现了基于 HDFS 的非关系型数据库（NoSQL 数据库）HBase。

图 1-3 MapReduce 基础编程模型

一个大型的分布式数据库不是关系型数据库，像它的名字一样，它是一个巨大的表格，用来存储结构化的数据。

1.2.2 Hadoop 的特点

Hadoop 是一个能够对大量数据进行分布式处理的软件框架。Hadoop 以一种可靠、高效、可伸缩的方式进行数据处理。

Hadoop 是可靠的，因为它假设计算元素和存储会失败，因此它维护多个工作数据副本，以确保能够针对失败的节点重新分布处理。

Hadoop 是高效的，因为它以并行的方式工作，通过并行处理加快处理的速度。

Hadoop 还是可伸缩的，能够处理 PB 级数据。

此外，Hadoop 依赖于社区服务，因此它的成本比较低，任何人都可以使用。

Hadoop 是一个能够让用户轻松架构和使用的分布式计算平台。用户可以轻松地在 Hadoop 上开发和运行处理海量数据的应用程序，其主要有以下几个优点。

1）支持超大文件

一般来说，HDFS 存储的文件可以支持 TB 级和 PB 级别的数据。

2）检测和快速应对硬件故障

在集群环境中，硬件故障是常见性问题，因为上千台服务器连在一起，会产生高故障率，因此，故障检测和自动恢复是 HDFS 的一个设计目标。某一个 DataNode 节点挂掉之后，因为有数据备份，还可以从其他节点里找到。NameNode 通过心跳机制来检测 DataNode 是否还存在。

3）流式数据的访问

HDFS 的数据处理规模比较大，应用一次需要大量的数据，同时这些应用一般都是批量处理，而不是用户交互式处理，应用程序能以流的形式访问数据库，主要的是数据的吞吐量，而不是访问速度。访问速度最终是要受制于网络和磁盘的速度，机器节点再多，也不能突破物理的局限，HDFS 不适合于低延迟的数据访问，其优势是高吞吐量。

4）简化的一致性模型

对于外部使用，用户不需要了解 Hadoop 底层细节，如文件的切块、文件的存储、节点的管理。

一个文件存储在 HDFS 中，适合一次写入、多次读取的场景。因为存储在 HDFS 的文件都是超大文件，当上传完这个文件到 Hadoop 集群后，会进行文件切块、分发、复制等操作。如果文件被修改，会导致重新触发这个过程，而这个过程耗时是最长的。所以在 Hadoop 中，不允许对上传到 HDFS 的文件做修改（随机写），在 2.0 版本时可以在后面追加数据，但不建议这样做。

5）高容错性

数据可自动保存多个副本，副本丢失后也可自动恢复。可构建在廉价机上，实现线性（横向）扩展。当集群增加新节点之后，NameNode 也可以感知，将数据分发和备份到相应的节点上。

6）商用硬件

Hadoop 并不需要运行在昂贵且高可靠的硬件上，它是设计运行在商用硬件的集群上的，因此至少对于庞大的集群来说，节点故障的概率还是非常高的。HDFS 遇到上述故障时能够继续运行，且不让用户察觉到明显的中断。

1.2.3　Hadoop 的生态系统

Hadoop 是目前应用最为广泛的分布式大数据处理框架，其具备可靠、高效、可伸缩等特点。

Hadoop 也是一个开发和运行处理大规模数据的软件平台,是 Apache 的一个用 Java 语言实现的开源软件框架，它安装在大量计算机组成的集群中，可对海量数据进行分布式计算。

Hadoop 的核心是 HDFS 和 MapReduce，Hadoop2.0 还包括 Yarn。Hadoop 的生态系统如图 1-4 所示。

图 1-4　Hadoop 生态系统

HDFS：Hadoop 分布式文件系统（Hadoop Distributed File System），提供了高吞吐量的应用程序数据访问基础。

Hadoop Yarn：Hadoop 集群资源管理框架（Hadoop Yet Another Resource Negotiator），用

于作业调度和集群资源管理。

MapReduce：基于 Yarn 的大数据集并行处理系统。

Tez：是从 MapReduce 计算框架演化而来的通用 DAG 计算框架，可作为 MapReduce/Pig/Hive 等系统的底层数据处理引擎，它天生融入 Hadoop2.0 的资源管理平台 Yarn。

Spark：一个快速和通用的计算引擎。Spark 提供了一个简单而富有表现力的编程模型，支持多种应用，包括 ETL、机器学习、数据流处理和图形计算。

Zookeeper：提供 Hadoop 集群高性能的分布式的协调服务。

HBase：可扩展的分布式列式数据库，支持大表的结构化存储。

Hive：分布式数据仓库系统，提供基于类 SQL 的查询语言。

Pig：一个高级数据流语言和执行环境，用来检索海量数据集。

Sqoop：在关系型数据库与 Hadoop 系统之间进行数据传输的工具。

1.2.4　Hadoop 的核心架构

Hadoop 最底层是 HDFS，用于存储 Hadoop 集群中所有存储节点上的文件。HDFS 的上一层是 MapReduce 引擎，该引擎由 JobTrackers 和 TaskTrackers 组成。

对外部客户机而言，HDFS 就像一个传统的分级文件系统，可以创建、删除、移动或重命名文件等，但是 HDFS 的架构是基于一组特定的节点构建的，这是由它自身的特点决定的。这些节点包括 NameNode 和 DataNode。NameNode 在 HDFS 内部提供元数据服务；DataNode 为 HDFS 提供存储块。

存储在 HDFS 中的文件被分成块，然后将这些块复制到多个计算机中（DataNode），这与传统的 RAID 架构大不相同。块的大小（1.x 版本默认为 64MB，2.x 版本默认为 128MB）和复制的块数量在创建文件时由客户机决定。NameNode 可以控制所有文件操作。HDFS 内部的所有通信都基于标准的 TCP/IP 协议。

NameNode 是一个通常在 HDFS 架构中的机器上单独运行的软件，它负责管理文件系统名称空间和控制外部客户机的访问，决定是否将文件映射到 DataNode 的复制块上，最常见的为 3 个复制块，其中第一个复制块存储在同一机架的不同节点上，最后一个复制块存储在不同机架的某个节点上。

实际的 I/O 事务并没有经过 NameNode，只有表示 DataNode 和块的文件映射的元数据经过 NameNode。当外部客户机发送请求要求创建文件时，NameNode 会以块标识和该块的第一个副本的 DataNode IP 地址作为响应。这个 NameNode 还会通知其他将要接收该块的副本的 DataNode。

NameNode 在一个称为 FsImage 的文件中存储所有关于文件系统名称空间的信息，这个文件和一个记录文件（这里是 EditLog）存储在 NameNode 的本地文件系统上。FsImage 和 EditLog 文件也需要复制副本，以防文件损坏或 NameNode 系统丢失。

NameNode 本身不可避免地具有 SPOF（Single Point Of Failure，单点失效）风险，主备模式并不能解决这个问题，通过 Hadoop Non-stop NameNode 可解决这个问题。

DataNode 也是一个通常在 HDFS 架构中的机器上单独运行的软件。Hadoop 集群包含一个 NameNode 和大量 DataNode。DataNode 通常以机架的形式组织，机架通过一个交换机将所有系统连接起来。Hadoop 的一个假设是：机架内部节点之间的传输速度快于机架间节点的传输速度。

DataNode 响应来自 HDFS 客户机的读写请求，还响应来自 NameNode 的创建、删除和复制块的命令。NameNode 依赖来自每个 DataNode 的 heartbeat 消息。每条消息都包含一个块报告，NameNode 可以根据这个报告验证块映射和其他文件系统元数据。如果 DataNode 不能发送 heartbeat 消息，NameNode 将采取修复措施，重新复制在该节点上丢失的块。

1.3 Hadoop 的安装和配置

1.3.1 VMWare 的安装

1.3.1.1 虚拟机概述

虚拟机利用软件来模拟完整的计算机系统，具有完整的硬件系统功能、运行在一个完全隔离的环境中。虚拟机的使用范围很广，如未知软件评测、运行可疑型工具等，即使这些程序中带有病毒，也不用担心它伤害实体计算机。因为虚拟机是一个完全独立于主机的操作系统。

1.3.1.2 VMware 的安装过程

（1）打开下载的虚拟机安装包，出现图 1-5 所示的安装向导。
（2）单击"下一步"按钮，进入如图 1-6 所示的"最终用户许可协议"界面。

图 1-5 VMware 安装向导界面

图 1-6 最终用户许可协议界面

（3）选择"我接受许可协议中的条款"复选框后单击"下一步"按钮，进入如图 1-7 所示的"自定义安装"界面。
（4）单击"下一步"按钮，进入如图 1-8 所示的"快捷方式"界面。
（5）勾选"桌面"和"开始菜单程序文件夹"复选框后，单击"下一步"按钮，进入如图 1-9 所示的 VMware Workstation Pro 安装界面。
（6）单击"安装"按钮，即可完成 VMware 的安装。

图 1-7 "自定义安装"界面　　　　图 1-8 "快捷方式"界面

图 1-9 VMware Workstation Pro 安装界面　　图 1-10 VMware Workstation 对话框

1.3.2　Ubuntu 系统的安装

在安装 Ubuntu 系统之前必须先安装 VMware 软件。

（1）开启 VMware 软件，打开"VMware Workstation"对话框，如图 1-10 所示。

（2）单击图 1-10 所示对话框中的"创建新的虚拟机"选项，出现如图 1-11 所示界面。

（3）单击"浏览"按钮，选择对应磁盘中的 Ubuntu 光盘镜像文件，单击"下一步"按钮，如图 1-12 所示。

（4）在"全名""用户名""密码""确认"文本框中输入相应的信息，在这里都输入"hadoop"，单击"下一步"按钮，进入如图 1-13 所示界面。

（5）在界面中的"虚拟机名称"栏中输入自定义的虚拟机名称，单击"浏览"按钮可以选择虚拟机安装的位置，单击"下一步"按钮，进入如图 1-14 所示界面。

（6）在界面中的"最大磁盘大小"栏中可以为新建的虚拟机分配硬盘空间，同时也可以选择将虚拟磁盘存为单个文件或者拆分成多个文件。单击"下一步"按钮，进入如图 1-15 所示界面。

（7）单击"完成"按钮，进入 Ubuntu 安装界面，如图 1-16 所示。

（8）等待一段时间以后即可完成虚拟机的创建。

图 1-11　新建虚拟机向导界面

图 1-12　设置用户名和密码

图 1-13　指定虚拟机名称及位置

图 1-14　指定磁盘容量

图 1-15　最终设置情况

图 1-16　Ubuntu 安装界面

1.3.3 Linux 常用命令

Linux 具有源码开放、技术社区用户多等特点，开放源码使得用户可以自由裁剪，灵活性高，功能丰富，成本低。尤其系统中内嵌网络协议栈，经过适当的配置就可实现路由器的功能。这些特点使得 Linux 成为开发路由交换设备的理想开发平台。

下面介绍几个常用的 Linux 命令。

date：打印或者设置系统的日期和时间。

ls：查看所在位置的文件情况。

cd：用于切换当前工作目录至 dirName(目录参数)。

命令的执行结果如图 1-17 所示。

```
[hadoop@master ~]$ date
Wed Aug 12 17:42:44 PDT 2020
[hadoop@master ~]$ ls
Desktop  Documents  Downloads  Music  Pictures  Public  Templates  Videos
[hadoop@master ~]$ cd Music/
[hadoop@master Music]$ cd
[hadoop@master ~]$
```

图 1-17　基本命令执行结果

打包和压缩：打包是指将一大堆文件或目录变成一个总的文件；压缩则是将一个大的文件通过一些压缩算法变成一个小文件。为什么要区分这两个概念呢？这源于 Linux 中很多压缩程序只能针对一个文件进行压缩，这样当想要压缩一大堆文件时，得先将这一大堆文件打成一个包，然后再用压缩程序进行压缩。

利用 tar 命令，可以把一大堆的文件和目录全部打包成一个文件，这对于备份文件或将几个文件组合成为一个文件以便于网络传输是非常有用的。

tar 命令语法格式：

tar [必要参数] [选择参数] [文件]

tar 命令必要参数列表如表 1-1 所示。

表 1-1　tar 命令必要参数列表

参数	描述
-A	或--catenate，新增压缩文件到已存在的压缩文件
-B	或--read-full-records，读取数据时重设区块大小
-c	或--create，建立新的压缩文件
-d	或-diff，记录文件的差别
-r	或--append，新增文件到已存在的压缩文件的结尾部分
-u	或--update，仅置换较压缩文件内的要更新的文件
-x	或--extrac，从压缩的文件中提取文件
-t	或--list，列出压缩文件的内容
-z	或--gzip，或--ungzip，通过 gzip 指令压缩和解压文件
-p	或--same-permissions，用原来的文件权限还原文件
-Z	通过 compress 指令压缩和解压文件
-N<日期格式>	或--newer=<日期时间>，只将比指定日期更新的文件保存到备份文件里
-v	显示操作过程
-l	文件系统边界设置
-W	或--verify，压缩文件时，确认文件正确无误

tar 可选参数列表如表 1-2 所示。

表 1-2 tar 可选参数列表

参数	描述	参数	描述
-b	设置区块数目	--help	显示帮助信息
-C	切换到指定目录	--version	显示版本信息
-f	指定压缩文件		

tar 命令使用实例：

（1）将所有扩展名为.java 的文件打成一个名为 javatest.tar 的包。代码如下所示：

```
tar -cf javatest.tar *.java
```

（2）将所有扩展名为.txt 的文件增加到 javatest.tar 的包里面去。

```
tar -rf javatest.tar *.txt
```

（3）列出 javatest.tar 包中所有文件，tar 命令执行结果如图 1-18 所示。

```
ava/org/apache/spark/examples$ tar -tf javatest.tar
JavaHdfsLR.java
JavaLogQuery.java
JavaPageRank.java
JavaSparkPi.java
JavaStatusTrackerDemo.java
JavaTC.java
JavaWordCount.java
course.txt
key.txt
logdata.txt
words.txt
```

图 1-18 tar 列出压缩文件内容命令执行结果

（4）将目录里所有扩展名为.java 的文件打包成 JAVA.tar 后，将其用 gzip 压缩，生成一个 gzip 压缩过的包，命名为 JAVA.tar.gz，代码如下所示。

```
tar -czf JAVA.tar.gz *.java
```

（5）解压 JAVA.tar.gz 文件到 javatest 文件夹中，命令执行结果如图 1-19 所示。

```
ava/org/apache/spark/examples$ tar -xzvf ./JAVA.tar.gz -C ./javatest/
JavaHdfsLR.java
JavaLogQuery.java
JavaPageRank.java
JavaSparkPi.java
JavaStatusTrackerDemo.java
JavaTC.java
JavaWordCount.java
```

图 1-19 tar 解压命令执行结果

1.3.4 JDK 安装和配置

将 JDK1.8 传入虚拟机中。可以把虚拟机配置成桥接模式，方便文件传输，JDK1.8 文件传入虚拟机后结果如图 1-20 所示。

图 1-20　JDK1.8 传入虚拟机

使用解压命令，解压文件到/usr/local，执行命令时提示输入当前用户的密码，命令执行如图 1-21 所示。

图 1-21　tar 解压命令执行

进入目录/usr/local，修改文件名称，如图 1-22 所示。

图 1-22　修改文件名称命令

文件名称修改完成以后，要对文件进行权限修改，在/usr/local 目录下输入以下修改权限命令代码：

```
sudo chown -R Hadoop ./jdk8/
```

修改 JDK 的环境变量配置，使用命令 sudo vim /etc/profile 编辑 /etc/profile 文件，在文件中加入如图 1-23 所示内容。

图 1-23　JDK 环境变量配置

使用命令 vim ~/.bashrc 对.bashrc 文件进行编辑，如果没有 vim，则更新 apt 以后再安装 vim，在/usr/local 目录下输入更新 apt 和安装 vim 的代码。

```
sudo apt-get update
sudo apt-get install vim
```

修改完.bashrc 配置文件，修改的内容并不会马上生效，需要使用命令 source ~/.bashrc 使环境变量生效。

使用 java –version 命令查看 JDK 版本，如果显示出安装的 JDK 版本信息，表示安装成功，命令显示结果如图 1-24 所示。

```
hadoop@ubuntu:~$ java -version
java version "1.8.0_161"
Java(TM) SE Runtime Environment (build 1.8.0_161-b12)
Java HotSpot(TM) 64-Bit Server VM (build 25.161-b12, mixed mode)
```

图 1-24　查看 java 版本

1.3.5　Hadoop 的安装

Hadoop 的安装比较简单，只需要将安装包解压到指定目录下，再进行相应的环境配置即可，具体安装和配置分为下面四个步骤：

① 上传安装包到 Linux 的目录。

② 上传的安装包解压到指定目录。使用 tar 命令将 Hadoop 的安装包解压到/usr/local 目录，具体代码如下所示：

```
tar -zxvf Hadoop-2.7.1.tar.gz -C /usr/local/
```

③ 配置环境变量。配置 Hadoop 的环境变量，环境变量的配置可以使用 profile（全局，所有用户都有效）和 bashrc（局部，只针对当前用户有效），此时我们选择 profile 文件进行配置。使用 vim 编辑器打开 profile 文件，具体命令如下所示：

```
vim /etc/profile
```

在打开的 profile 文件底部加入如图 1-25 所示内容。

```
export HADOOP_HOME=/export/servers/hadoop-2.7.4
export PATH=$PATH:$HADOOP_HOME/bin:$HADOOP_HOME/sbin
```

图 1-25　profile 文件追加内容

最后使用 source 命令使新追加的配置内容生效，具体命令如下所示：

```
Source /etc/profile
```

④ 验证 Hadoop 环境。配置文件 profile 设置完成以后，通过 hadoop version 命令可以查看 Hadoop 的版本信息，如果显示出 Hadoop 的版本信息，表示 Hadoop 的安装成功，具体命

```
hadoop  version
```

一、填空题

1. 大数据的特点包括准确、多样、高速和____。
   A. 体量　　　B. 实时　　　C. 分布　　　D. 快速
2. Hadoop 是____软件基金会下用 Java 语言开发的一个开源分布式计算平台。
   A. Google　　B. IBM　　　C. Apache　　D. Oracle
3. Hadoop 包括两个核心组件：____和 Hadoop Distributed File System(HDFS)。
   A. Hive　　　B. HBase　　C. Apache　　D. MapReduce
4. ____负责将海量数据进行分布式存储。
   A. MapReduce　B. HBase　　C. HDFS　　　D. Yarn
5. HDFS 的架构是基于一组特定的节点构建的,这是由它自身的特点决定的。这些节点包括____个 NameNode。
   A. 1　　　　　B. 2　　　　 C. 0　　　　 D. 3

二、判断题

1. tar 命令可以为 linux 的文件和目录创建档案。
2. HDFS 不适合于低延迟的数据访问,HDFS 的优势是高吞吐量。
3. 在 Hadoop 集群中,NameNode 负责管理所有 DataNode。
4. 在 Hadoop1.x 版本中,MapReduce 程序是运行在 Yarn 集群之上。

三、简答题

1. 简述大数据研究的意义。
2. 简述 Hadoop 版本区别。

第 2 章　Hadoop 集群部署

学习目标

- 了解 Linux 系统的环境设置
- 掌握 Linux 常用命令
- 掌握 Hadoop 的配置文件
- 了解 Yarn 的基本服务组件
- 掌握 Yarn 的执行过程及配置

思维导图

2.1　Linux 环境设置

2.1.1　创建用户（组）

Linux 用户分三种：超级用户（root），普通用户，伪用户（bin,sys,nobody 等）。超级用户拥有所有权限，伪用户一般和进程相关，无须登录系统，所以常说的管理用户权限指的是管理 Linux 普通用户的权限。由于所有进程都用 root 账户运行并不安全，所以应该将 Linux 用户的权限最小化，即不持有任何不必要的权限。

在 Linux 窗口空白处单击鼠标右键，选择"Open Terminal"打开终端命令窗口，在终端命令窗口中输入查看所有用户的命令"cat /etc/passwd"，然后按〈Enter〉键即可查看所有用户信息。在显示的用户信息中值大于 1000 的是自定义的用户，查看所有用户的结果如图 2-1 所示。

图 2-1 查看所有用户

2.1.1.1 用户管理

在系统中使用 useradd 命令新建用户，使用 passwd 命令为新用户设置密码，使用 userdel 命令删除新用户。使用 useradd 命令创建的新用户保存在/etc/passwd 文本文件中。useradd 命令的基本格式如下：

```
useradd -[选项]用户名
```

useradd 命令的常用选项及含义如表 2-1 所示。

表 2-1 useradd 命令的常用选项及含义

选项	含义
u	UID，指定用户的 UID，普通用户 UID 的范围是 500~60000
d	宿主目录
c	用户说明，对应在/etc/passwd 文件中
g	组名，指定用户所属的群组
G	组名，指定用户所属的附加群组
s	指定用户的登录 shell，默认是/bin/bash
e	指定用户的失效日期，格式为"YYYY-MM-DD"

useradd 命令的实例代码如下：

```
#添加一般用户
useradd hadoop
#为添加的用户指定相应的用户组
useradd -g root hadoop
#创建一个系统用户
useradd -r hadoop
#为新添加的用户指定 home 目录
useradd -d /home/myd hadoop
#建立用户并且制定 ID
useradd hadoop001 -u 544
```

2.1.1.2 用户组

每个用户都有一个用户组，系统可以对一个用户组中的所有用户进行集中管理。不同 Linux 系统对用户组的规定有所不同，如 Linux 下的用户属于与它同名的用户组，这个用户组在创建用户时同时创建。

用户组的管理涉及用户组的添加、删除和修改，用户组的增加、删除和修改实际上就是对 /etc/group 文件的更新。

新建用户组使用命令 groupadd，删除用户组使用命令 groupdel。创建和删除用户组具体的代码如下：

```
groupadd cvit                    #新建用户组 cvit
groupadd -g 1101 bigdata         #新建用户组并指定用户组 bigdata 的 ID 为 1101
groupdel bigdata                 #删除用户组 bigdata
```

2.1.2 Windows 和 Linux 系统间文件传输

FileZilla 是一个免费开源的 FTP 软件，分为客户端版本和服务器版本，具备所有的 FTP 软件功能。可控性、有条理的界面和管理多站点的简化方式使得 Filezilla 客户端版成为一个方便、高效的 FTP 客户端工具，而 FileZilla Server 则是一个小巧并且可靠的支持 FTP&SFTP 的 FTP 服务器软件。

2.1.2.1 安装 FileZilla Server

① 在官网下载 FileZilla，本机上安装服务器版本，虚拟机上安装客户端版本。官网下载页面如图 2-2 所示。

② 右键单击下载的 FileZilla_3.51.0_win64-setup.exe 安装包，选择"以管理员身份运行"，在弹出的界面单击"运行"打开 FileZilla 安装界面，如图 2-3 所示。

③ 在弹出的 FileZilla 安装界面单击"I Agree"按钮，在弹出的后续界面单击"Next"按钮，在最后的界面单击"Finish"按钮即可完成安装。FileZilla 的安装过程比较简单，在此就

不一一详细讲述。

图 2-2 官网下载页面　　　　　　　　图 2-3 FileZilla 安装界面

2.1.2.2 配置 FileZilla Server

① 打开 FileZilla 软件，主界面如图 2-4 所示，选择菜单命令"文件"→"站点管理器"，打开站点管理器配置界面，如图 2-5 所示。

② 单击图 2-5 中"新站点"按钮，创建新站点，实现与虚拟机连接的配置，如图 2-6 所示。

图 2-4 FileZilla 主界面　　　　　　　　图 2-5 站点管理器界面

图 2-6 创建新站点　　　　　　　　图 2-7 新站点配置内容

③ 在"站点管理器"界面右侧"常规"选项的"主机"处输入连接的 IP 地址,在"端口"处输入 21,在"用户"处和"密码"处输入正确的用户名称和密码,单击"连接"按钮实现主机和虚拟机的连接。新站点配置内容如图 2-7 所示。

Windows 系统和 Linux 系统连接成功后显示图 2-8 所示内容,然后即可实现本机与虚拟机之间的任意文件上传和下载。

图 2-8　连接成功显示　　　　图 2-9　lsb_release-c 命令执行结果

2.1.3　更新 apt

安装好一个新的 Ubuntu 系统后,经常需要通过 apt-get 安装一些软件包。因为下载服务器在国外,所以系统自带的软件下载速度相对较慢,个别时候会达到几个字节每秒,还会遇到个别软件无法找到的情况。可通过以下步骤设置更新源为国内服务器。

① 不同的 Ubuntu 版本对应的版本名称不同,Ubuntu 20.04 的版本名是"focal",Ubuntu 19.10 的版本名是 "eoan",Ubuntu 18.04 的版本名是 "bionic",Ubuntu 16.04 的版本名是 "xenial"。修改更新源之前使用 lsb_release -c 命令查看版本名。命令执行结果如图 2-9 所示。

② 使用 cp 命令备份原来的软件源,将原来软件源文件名称更改并另存。命令如下:
sudo cp -v /etc/apt/sources.list /etc/apt/sources.list.backup

③ 使用 chmod 命令更改软件源文件的可编辑权限。命令如下:
sudo chmod 777 /etc/apt/sources.list

④ 使用 gedit 或者 vim 命令编辑软件源文件 sources.list。命令如下:
sudo gedit /etc/apt/sources.list 或者 vim /etc/apt/sources.list

⑤ 打开软件源文件后,进入编辑模式,将原有的代码删干净,然后将 aliyun 的镜像源粘贴到文件中,最后需要将内容中 ubuntu 版本名替换为系统上查看到的版本名。aliyun 镜像源内容如下:

```
    deb http://mirrors.aliyun.com/ubuntu/ focal main restricted universe multiverse
    deb http://archive.ubuntu.com/ubuntu/ focal-security main restricted universe multiverse
    deb http://archive.ubuntu.com/ubuntu/ focal-updates main restricted universe multiverse
    deb http://archive.ubuntu.com/ubuntu/ focal-proposed main restricted universe multiverse
    deb-src http://mirrors.aliyun.com/ubuntu/ focal main restricted universe multiverse
    deb-src http://mirrors.aliyun.com/ubuntu/ focal-security main restricted universe multiverse
    deb-src http://mirrors.aliyun.com/ubuntu/ focal-updates main restricted universe multiverse
    deb-src http://mirrors.aliyun.com/ubuntu/ focal-proposed main restricted universe multiverse
    deb-src http://mirrors.aliyun.com/ubuntu/ focal-backports main restricted universe multiverse
```

2.1.4 vim 编辑器的应用

vim 编辑器是所有 UNIX 及 Linux 系统下标准的编辑器，相当于 Windows 系统中的记事本。

vim 具有程序编辑的功能，以字体颜色辨别语法的正确性，方便程序设计；vim 操作简单，编辑速度相当快。vim 可以当作 vi 的升级版本，可以用多种颜色来显示一些特殊的信息。vim 会依据文件扩展名或者是文件内的开头信息判断该文件的内容，自动执行该程序的语法判断式，再以颜色来显示程序代码及一般信息。vim 里面加入了很多额外的功能，如正则表达式搜索、多文件编辑、块复制等。

vim 文本编辑器的三种工作模式：命令模式、输入模式、末行模式。

命令模式：进入 vim 默认就是命令模式，可以复制行、删除行等。

输入模式：主要用于文本编辑，和记事本类似，可以输入内容。按〈Esc〉键返回命令模式。

输入模式和末行模式之间不能直接转换，只能通过命令模式间接转换，模式之间的切换如图 2-10 所示。

图 2-10 vim 工作模式切换

2.1.5 网络配置

① 打开虚拟网络编辑器进行配置，虚拟网络编辑器如图 2-11 所示。

图 2-11 虚拟网络编辑器

② 选择 "VMnet8"，再单击 "NAT 设置" 按钮，弹出 NAT 设置对话框，如图 2-12 所示，在对话框中查看网络、子网 IP 地址、子网掩码等内容。

图 2-12 NAT 设置对话框

③ 如图 2-13 所示，在虚拟机界面单击 图标，在弹出的下拉菜单中单击"Edit Connections…"选项，弹出如图 2-14 所示的 Network Connections 对话框。

图 2-13 选择编辑连接界面

图 2-14 Network Connections 对话框

④ 单击图 2-14 中的"Edit"按钮，弹出 Editing Auto Ethernet 对话框，如图 2-15 所示。

图 2-15 Editing Auto Ethernet 对话框

在图 2-15 中选择"IPv4 Settings"选项卡,在"Method"下拉列表框中选择"Manual"选项,单击"Add"按钮,即可在出现的"Addresses"列表框中输入地址信息。

⑤ 配置完成后单击"Save"按钮实现配置信息保存。

⑥ 使用"ping www.baidu.com"命令测试配置是否成功,ping 命令执行结果如图 2-16 所示。

图 2-16 ping 命令执行结果

2.2 Hadoop 伪分布式搭建

2.2.1 环境变量的配置

① 通过 vim 进入 .bashrc 文件,具体代码如下:

```
vim  ~/.bashrc
```

② 在 .bashrc 文件末尾将 JAVA_HOME 和 HADOOP_HOME 指向 jdk 和 Hadoop 的解压位置,配置文件内容如图 2-17 所示。

图 2-17 配置文件内容

③ 执行 source 命令,使添加的环境变量配置生效,具体代码如下:

```
source ~/.bashrc
```

④ 通过 hadoop version 命令来确定是否成功配置环境变量,命令执行结果如图 2-18 所示。

图 2-18 hadoop version 命令执行结果

2.2.2 SSH 安装

在 Linux 中，SSH 是常用的工具，通过 SSH 客户端可以连接到运行 SSH 服务器的远程机器，这样可以通过 SSH 来远程控制电脑或者服务器。SSH 协议的优点就是数据传输是加密的，可以防止信息泄露，而且数据传输是压缩的，可以提高传输速度。

服务器启动的时候产生一个密钥(768 bits 公钥)，本地的 SSH 客户端发送连接请求到 SSH 服务器，服务器检查连接点客户端发送的数据和 IP 地址，确认合法后发送密钥(768 bits)给客户端，此时客户端将本地私钥（256 bits）和服务器的公钥（768 bits）结合成密钥对 key（1024 bits），发回给服务器端，建立连接，通过 key-pair 完成数据传输。

2.2.2.1 查看是否安装了 SSH

输入 ps -aux|grep ssh 命令查看有没有 SSH 进程，执行结果如图 2-19 所示。

图 2-19 ps 命令执行结果

执行命令后发现只匹配到了 grep ssh 进程，现在系统里面并没有与 SSH 相关的进程，表示当前的机器并没有安装 SSH 服务。

2.2.2.2 SSH 服务端安装

使用 sudo apt install openssh-server 命令来安装 SSH，安装过程中提示"您希望继续执行吗？"，输入"Y"，安装过程如图 2-20 所示。

图 2-20 SSH 安装过程

等待安装完成，完成结果如图 2-21 所示。

图 2-21 SSH 安装完成结果

2.2.2.3 登录测试

安装完成以后，可以通过 ssh localhost 命令测试是否连到本机，如图 2-22 所示。

图 2-22　ssh 命令执行结果

如图 2-22 所示，框 1 是 SSH 首次登录提示。框 2 是提示输入 SSH 目标机器的密码。密码验证通过后就登录成功了。这样，输入密码就可以登录到目标机器了。

2.2.2.4　配置无密码登录

为了后续操作无须输入密码，可以配置免密码登录，也就是将本机的公钥加到目标机器的授权文件中。本机的公钥在~/.ssh 中，上传到目标机器的.ssh/authorized_keys 中，本机的私钥和公钥可以通过命令 ssh-keygen -t rsa 来生成，出现提示一路回车即可，如图 2-23 所示。

图 2-23　ssh-keygen 命令执行结果

从图 2-23 可以看到，已经成功生成了 id_rsa 私钥文件和 id_rsa.pub 公钥文件。因为此时要测试的目标机器就是本机，所以需要将本机的公钥文件放到本机的 authorized_keys 授权文件中，但从图 2-23 来看，并没有这个文件，这是因为还没有用过这个文件，所以还没有生成，手动生成一个就行。使用 cat id_rsa.pub >> authorized_keys 命令来将本机公钥 id_rsa.pub 的内容，追加到本机授权文件 authorized_keys 中，如图 2-24 所示。

图 2-24　cat 命令执行结果

从图 2-24 可以看出，本机的授权文件和本机公钥文件是一样大小的，因为此时授权文件中只有自己的公钥；如果其他机器想要免密码登录到本机，则将其公钥追加到本机的授权文

图 2-25　无密码登录成功

件中即可。注意，是追加，不是覆盖，如果覆盖掉其他机器的公钥，其他机器将不能再登录到本机。此时，测试一下免密码登录是否可用，如图 2-25 所示。

从图 2-25 可以看到，使用 SSH 命令登录，系统不再要求提供密码，这是因为机器的公钥已经在目标机器（这里还是本机）的授权文件中了。

至此，SSH 的安装及免密登录就设置完成了。

2.2.3　core-site.xml 配置文件

core-site.xml 配置文件主要用于指定 namenode 的位置。Hadoop.tmp.dir 是 Hadoop 文件系统依赖的基础配置，很多路径都依赖它。如果 hdfs-site.xml 中不配置 NameNode 和 DataNode 的存放位置，默认放在 core-site.xml 指定的 namenode 位置。core-site.xml 文件中属性名称及作用如表 2-2 所示。

表 2-2　core-site.xml 文件中属性名称及作用

属性名称	作用
fs.default.name	缺省的文件 URI 标识设定
fs.defaultFS	指定 NameNode URI
hadoop.tmp.dir	指定 Hadoop 临时目录

使用 cd 命令进入 usr/local/src/hadoop 目录，使用 ls 命令可以查看当前目录存在的文件和子目录，命令执行结果如图 2-26 所示。

图 2-26　cd 和 ls 命令执行结果

在终端输入 vim core-site.xml 命令，补全 core-site.xml 文件中的缺省参数，core-site.xml 文件补全内容如图 2-27 所示。

图 2-27　core-site.xml 文件补全内容

2.2.4　hdfs-site.xml 配置文件

hdfs-site.xml 配置文件主要用于增加 hdfs 配置信息，如复制数据的值、名称节点的路径、本地文件系统的数据节点的路径。hdfs-site.xml 文件中的属性名称及作用如表 2-3 所示。

表 2-3 hdfs-site.xml 文件中的属性名称及作用

属性名称	作用
dfs.replication	指定数据冗余份数
dfs.name.dir	存储在本地的名字节点数据镜像的目录,作为名字节点的冗余备份
dfs.data.dir	数据节点的块的本地存放目录

在终端输入 vim hdfs-site.xml 命令，补全 hdfs-site.xml 文件中的缺省参数，hdfs-site.xml 文件内容如图 2-28 所示。

图 2-28 hdfs-site.xml 文件内容

2.2.5 Hadoop 伪分布式运行实例

Hadoop 可以在单节点上以伪分布式的方式运行，Hadoop 进程以分离的 Java 进程来运行，节点既作为 NameNode 也作为 DataNode，同时，读取的是 HDFS 中的文件。伪分布式运行需要修改 core-site.xml 和 hdfs-site.xml 两个配置文件。Hadoop 的配置文件是 xml 格式，每个配置以声明 property 的 name 和 value 的方式来实现。

2.2.5.1 修改 Hadoop-env.sh 文件

使用 vim /usr/local/src/hadoop/etc/hadoop/hadoop-env.sh 命令打开 hadoop-env.sh 文件，单击"i"进入文件的编辑状态，将文件中的 export JAVA_HOME={$JAVA_HOME} 修改为 export JAVA_HOME=/usr/local/src/JDK，hadoop-env.sh 文件修改内容如图 2-29 所示。

图 2-29 hadoop-env.sh 修改后配置

2.2.5.2 格式化 Hadoop

第一次运行 Hadoop 需要使用 hdfs namenode -format 命令格式化 Hadoop 配置的 NameNode 节点,命令执行结果如图 2-30 所示。

```
20/08/14 20:20:00 INFO namenode.NNConf: XAttrs enabled? true
20/08/14 20:20:00 INFO namenode.NNConf: Maximum size of an xattr: 16384
Re-format filesystem in Storage Directory /usr/local/src/hadoop/name ? (Y or N) Y
20/08/14 20:20:02 INFO namenode.FSImage: Allocated new BlockPoolId: BP-287141637-127.0.
0.1-1597461602618
20/08/14 20:20:02 INFO common.Storage: Storage directory /usr/local/src/hadoop/name has
 been successfully formatted.
20/08/14 20:20:02 INFO namenode.NNStorageRetentionManager: Going to retain 1 images wit
h txid >= 0
20/08/14 20:20:02 INFO util.ExitUtil: Exiting with status 0
20/08/14 20:20:02 INFO namenode.NameNode: SHUTDOWN_MSG:
/************************************************************
SHUTDOWN_MSG: Shutting down NameNode at localhost/127.0.0.1
************************************************************/
[root@master ~]#
```

图 2-30 format 格式化命令执行结果

2.2.5.3 启动 Hadoop 服务

执行 start-all.sh 启动 Hadoop 服务,执行结果如图 2-31 所示。

Hadoop 服务启动成功以后使用 jps 命令查看启动的进程,如图 2-32 所示。

```
[root@master hadoop]# start-all.sh
This script is Deprecated. Instead use start-dfs.sh and start-yarn.sh
Starting namenodes on [master]
root@master's password:
root@master's password: master: Permission denied, please try again.

master: namenode running as process 13719. Stop it first.
root@master's password:
master: datanode running as process 13845. Stop it first.
hadStarting secondary namenodes [0.0.0.0]
```

```
[root@master hadoop]# jps
13845 DataNode
14102 Jps
13719 NameNode
13994 SecondaryNameNode
```

图 2-31 start-all.sh 启动结果   图 2-32 jps 命令执行结果

2.2.5.4 查看运行结果

在火狐(或者谷歌)浏览器的地址栏分别输入 http://localhost:50070 和 http://localhost:8088,打开 Hadoop 的 web 管理界面查看 Hadoop 的运行结果,如图 2-33 和图 2-34 所示。

图 2-33 http://localhost:50070 页面

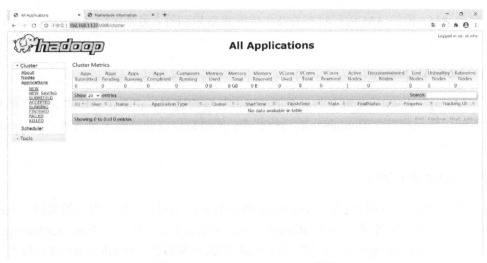

图 2-34　http://localhost:8088 页面

2.3　Yarn 认知

2.3.1　初识 Yarn

　　Hadoop1.x 版本 JobTracker 的作用是资源管理和任务的调度。当存在多个计算框架时，就会存在资源竞争，不便于管理，此时就需要一个公共的资源管理模块，这就产生了 Yarn。

　　Hadoop2.x 上的 MapReduce 是基于 Yarn 的，Yarn 支持多个计算框架，例如 MapReduce 和 spark，Yarn 上的每一个 NodeManager 都与一个 DataNode 对应。

2.3.2　Yarn 基本服务组件

2.3.2.1　ResourceManager

　　ResourceManager（RM）负责对各 NodeManager 上的资源进行统一管理和调度，为 AM 的资源请求分配相应的空闲 Container。主要由两个组件构成：调度器和应用程序管理器。

2.3.2.2　调度器

　　调度器（Scheduler）根据容量、队列等限制条件（如每个队列分配一定的资源，最多执行一定数量的作业等），将系统中的资源分配给各个正在运行的应用程序。调度器仅根据各个应用程序的资源需求进行资源分配，资源分配单位是 Container，从而限定每个任务使用的资源量。Scheduler 不负责监控或者跟踪应用程序的状态，也不负责任务因为各种原因而引起的重启（由 ApplicationMaster 负责）。总之，调度器根据应用程序的资源要求，以及集群机器的资源情况，为应用程序分配封装在 Container 中的资源。

2.3.2.3　应用程序管理器

　　应用程序管理器负责管理整个系统中所有应用程序，包括应用程序提交、与调度器协商资源以启动 AM、监控 AM 运行状态并在失败时重新启动等，另外跟踪分给的 Container 的进度、状态也是其职责。

2.3.2.4　NodeManager

NodeManager（NM）是每个节点上的资源和任务管理器。它会定时地向 RM 汇报本节点上的资源使用情况和各个 Container 的运行状态；同时会接收并处理来自 AM 的 Container 启动/停止等请求。

2.3.2.5　ApplicationMaster

用户提交的应用程序均包含一个 ApplicationMaster（AM），负责应用的监控，跟踪应用执行状态，重启失败任务等。ApplicationMaster 是应用框架，它负责向 ResourceManager 协调资源，并且与 NodeManager 协同工作完成 Task 的执行和监控。MapReduce 就是原生支持的一种框架，可以在 Yarn 上运行 MapReduce 作业。有很多分布式应用都开发了对应的应用程序框架，用于在 Yarn 上运行任务，例如 Spark，Storm 等。如果需要，也可以自己写一个符合规范的 Yarn application。

2.3.2.6　Container

Container 是 Yarn 中的资源抽象，它封装了某个节点上的多维度资源，如内存、CPU、磁盘、网络等。当 AM 向 RM 申请资源时，RM 为 AM 返回的资源是用 Container 表示的。Yarn 会为每个任务分配一个 Container，且该任务只能使用该 Container 中描述的资源。

2.3.3　Yarn 执行过程

集群中所有节点的资源(内存、CPU、磁盘、网络等)抽象为 Container。计算框架需要利用资源执行运算任务时需要向 Yarn 申请 Container，Yarn 按照特定的策略进行资源调度，实现 Container 的分配。

Yarn 使用了轻量级资源隔离机制 Cgroups 进行资源隔离，以避免相互干扰，一旦 Container 使用的资源量超过事先定义的上限值，就将其杀死。

Yarn 将 MR（MapReduce）中资源管理和作业调度两个功能分开，分别由 ResourceManager 和 ApplicationMaster 进程来实现：

① ResourceManager：负责整个集群的资源管理和调度。

② ApplicationMaster：负责应用程序相关事务，如任务调度、任务监控和容错等。

Yarn 的执行过程如图 2-35 所示，包含 8 个步骤。

① 用户向 Yarn 中提交应用程序。

② ResourceManager 为应用程序分配第一个 Container，要求它在这个 Container 中启动应用程序的 ApplicationMaster。

③ ApplicationMaster 向 ResourceManager 注册，目的是让用户可以直接通过 ResourceManager 查看应用程序的运行状态，然后为各个任务申请资源，并监控各个任务的运行状态，直到运行结束。

图 2-35　Yarn 执行过程

④ ApplicationMaster 向 ResourceManager 的 scheduler 申请和领取资源(通过 RPC 协议)。

⑤ ApplicationMaster 申请到资源后,便与对应的 NodeManager 进行通信,要求 NodeManager 启动任务。

⑥ NodeManager 启动任务。

⑦ 各个任务向 ApplicationMaster 汇报自己的状态和进度（通过 RPC 协议）,让 Application-Master 掌握各个任务的运行状态,从而可以在任务失败时重新启动任务。

⑧ 应用程序运行完成后,ApplicationMaster 向 ResourceManager 注销并关闭自己。

2.4　Hadoop 分布式搭建

2.4.1　部署前准备

操作系统：Ubuntu

虚拟机：VMware

在 VMware 安装好一台 Ubuntu 虚拟机后,导出或者克隆出另外两台虚拟机。虚拟机的"网络设置"→"连接方式"设置为"桥接网卡",保证虚拟机的 IP 地址和主机的 IP 地址在同一个 IP 地址段,这样几个虚拟机和主机之间可以相互通信。

配置每个虚拟机的/etc/hosts 文件,保证各个虚拟机之间通过 IP 地址映射的名称可以互相通信,hosts 文件的配置内容如下所示：

```
192.168.0.1  master
192.168.0.2  slave1
192.168.0.3  slave2
```

1）关闭防火墙

每个虚拟机的/etc/hosts 文件配置完成以后,通过配置 IP 地址映射的名称可以进行访问,为了保证每个虚拟机之间的通信畅通,还需要将每个虚拟机的防火墙关闭,在每个虚拟机上执行如下代码即可：

```
systemctl status firewalld    #查看当前防火墙状态。
systemctl stop firewalld      #关闭当前防火墙。
systemctl disable firewalld   #开机防火墙不启动。
```

2）文件传输

使用安装的 FileZilla 把 JDK 和 Hadoop 两个 tar 文件传输到映射名称为 master 虚拟机的 /usr/local/src 目录。

3）解压文件并更名

使用 cd 命令进入/usr/local/src 目录，解压 JDK 和 Hadoop 到当前目录，并修改 JDK 和 Hadoop 解压后的文件名称，如图 2-36 所示。

4）配置环境变量

使用 vim 命令打开~/.bashrc，单击"i"进入~/.bashrc 文件的修改模式，在文件中添加 JDK 和 Hadoop 环境变量的配置内容，修改内容如图 2-37 所示。

图 2-36　tar 和 mv 命令执行结果

图 2-37　修改 .bashrc 文件内容

5）刷新环境变量

环境变量配置成功以后并不能立即生效，需要使用 source 命令刷新环境变量配置文件，具体命令如下：

```
source ~/.bashrc
```

在命令终端分别输入"java –version"和"hadoop version"两个命令，如果显示出 JDK 和 Hadoop 安装的版本信息，表示环境变量配置成功，执行结果如图 2-38 所示。

图 2-38　查看 JDK 和 Hadoop 版本

2.4.2 网络配置

修改虚拟机名称以及 IP 地址映射关系，使用 vim/etc/hosts 命令对 hosts 文件进行编辑，修改 IP 地址和机器名称的映射，如图 2-39 所示。修改完信息以后需要重新启动虚拟机，配置信息才能生效。

图 2-39　IP 地址和机器名称映射

2.4.3 配置文件的设置

使用 cd 命令进入 hadoop/etc/hadoop 文件目录，如图 2-40 所示，使用 vim hadoop-env.sh 命令修改配置文件 hadoop-env.sh 中第 25 行 JAVA_HOME 的值，内容为 JDK 安装路径，如图 2-41 所示。

图 2-40　cd 命令执行结果

使用 vim core-site.xml 命令修改配置文件 core-site.xml 的内容，core-site.xml 文件内容如图 2-42 所示。

图 2-41　hadoop-env.sh 文件内容　　　　图 2-42　core-site.xml 文件内容

使用 vim hdfs-site.xml 命令修改配置文件 hdfs-site.xml 的内容，hdfs-site.xml 文件内容如图 2-43 所示。

图 2-43　hdfs-site.xml 文件内容

使用 mv 命令将 mapred-site.xml.template 文件更名为 mapred-site.xml，编辑更名后的 mapred-site.xml 文件。mapred-site.xml 文件内容如图 2-44 所示。

```
19 <configuration>
20     <property>
21         <name>mapreduce.framework.name</name>
22         <value>yarn</value>
23     </property>
24 </configuration>
```

图 2-44　mapred-site.xml 文件内容

使用 vim yarn-site.xml 命令修改配置文件 yarn-site.xml 的内容，yarn-site.xml 文件内容如图 2-45 所示。

```
15 <configuration>
16     <property>
17         <name>yarn.resourcemanager.hostname</name>
18         <value>master</value>
19     </property>
20     <property>
21         <name>yarn.nodemanager.aux-services</name>
22         <value>mapreduce_shuffle</value>
23     </property>
24 </configuration>
```

图 2-45　yarn-site.xml 文件内容

配置文件设置成功以后，使用 hdfs namenode –format 命令对 Hadoop 的名称节点进行初始化，初始化结果如图 2-46 所示。

图 2-46　初始化结果

2.4.4　分布式部署

运行 start-all.sh 的 shell 命令实现集群的启动，集群启动以后输入 jps 命令显示当前系统的进程，如果 NameNode、DataNode、SecondaryNameNode、ResourceManager 和 NodeManager 5 个进程全部显示，表示 Hadoop 集群启动成功，jps 命令显示进程如图 2-47 所示。

```
[root@master sbin]# jps
10866 NameNode
10982 DataNode
11128 SecondaryNameNode
11275 ResourceManager
11581 Jps
11406 NodeManager
```

图 2-47　jps 命令显示进程

在火狐或者谷歌浏览器中输入 http://192.168.1.45:50070 查看集群效果，如图 2-48 所示。

图 2-48 查看集群效果

一、选择题

1. NameNode 在启动时自动进入安全模式，在安全模式阶段，说法错误的是____。
   A. 安全模式目的是在系统启动时检查各个 DataNode 上数据块的有效性
   B. 根据策略对数据块进行必要的复制或删除
   C. 当数据块最小百分比数满足最小副本数条件时，会自动退出安全模式
   D. 文件系统允许有修改
2. 关于 Hadoop 单机模式和伪分布式的说法，正确的是____。
   A. 两者都启动守护进程，且守护进程运行在一台机器上
   B. 单机模式不使用 HDFS，但加载守护进程
   C. 两者都不与守护进程交互，避免复杂性
   D. 后者比前者增加了 HDFS 输入、输出以及可检查内存使用情况
3. 配置 Hadoop 时，JAVA_HOME 包含在配置文件____中。
   A. hadoop-default.xml   B. hadoop-env.sh
   C. hadoop-site.xml   D. Configuration.xsl
4. 关于 SecondaryNameNode，正确的是____。
   A. 它是 NameNode 的热备
   B. 它对内存没有要求

C. 它的目的是帮助 NameNode 合并编辑日志，减少 NameNode 启动时间

D. SecondaryNameNode 应与 NameNode 部署到一个节点

5. 一个文件大小 156MB，在 Hadoop2.0 中默认情况下其占用 Block 数为____。

　　A. 1　　　　　B. 2　　　　　C. 3　　　　　D. 4

6. HDFS 默认的当前工作目录是/user/$USER, fs.default.name 的值需要在配置文件____内说明。

　　A. mapred-site.xml　　　　　　B. core-site.xml
　　C. hdfs-site.xml　　　　　　　D. 以上均不是

二、判断题

1. Block Size 是不可以修改的。
2. 如果 NameNode 意外终止，SecondaryNameNode 会接替它使集群继续工作。
3. Hadoop 支持数据的随机读写。
4. NameNode 负责管理 metadata，对于 client 端的每次读写请求，它都会从磁盘中读取或者写入 metadata 信息并反馈给 client 端。

三、简答题

1. 启动 Hadoop 系统，当使用 bin/start-all.sh 命令启动时，请给出集群各进程启动顺序。
2. 列出 Hadoop 的进程名，简述它们的作用分别是什么。

第3章 分布式文件系统 HDFS

学习目标

- 了解什么是 HDFS
- 了解 HDFS 的特点
- 掌握 HDFS 常用 Shell 命令
- 掌握 HDFS 读取和写入 API
- 掌握 HDFS 读写流程

思维导图

近年来随着电影行业的快速发展,需要处理的电影信息日趋增多。为了提高电影记录管理的水平,优化资源,尽可能地降低管理成本,产生了电影信息管理。电影信息管理是从电影的现状出发,根据电影记录管理的新要求进行开发设计,它解决了电影记录管理数据信息量大、修改不方便、对一系列数据进行统计与分析花费时间长等问题,帮助电影管理人员有效管理电影记录信息。

3.1 HDFS 认知

HDFS 是指被设计成运行在通用硬件上的分布式文件系统,它和现有的分布式文件系统有很多共同点。HDFS 是一个高度容错系统,适合部署在廉价的机器上。HDFS 能提供高吞吐量的数据访问,非常适合在大规模数据集上应用。HDFS 最开始是作为 Apache Nutch 搜索引擎项目的基础架构而开发的。

3.1.1 HDFS 的了解

在企业生产环境中,由于单机容量是无法存储大量数据的,于是数据需要跨机器存储,形成分布式存储结构。根据企业生产的需要诞生了分布式文件系统,分布式文件系统是用来统一管理分布在集群上的文件系统。

传统的网络文件系统(NFS)虽然也称为分布式文件系统,但其存在一些限制。由于在 NFS 中的文件是存储在单机上,因此无法提供可靠性保证。当很多客户端同时访问 NFS Server 时,很容易造成服务器压力,造成性能瓶颈。NFS 的客户服务器体系结构如图 3-1 所示。

图 3-1 NFS 的客户服务器体系结构

客户端修改 NFS 中的文件,需要将文件先同步到本地,再对同步到本地的文件进行修改,但是对文件的修改在同步到服务端之前,其他客户端是不可见的。因而在某种程度上来说,尽管 NFS 中的文件放在远程端的服务器上面,NFS 也并不是一种典型的分布式系统。

客户端和服务器 NFS 协议栈如图 3-2 所示,从 NFS 的协议栈可以看到,它实际上是一种 VFS(操作系统对文件的一种抽象)实现。

HDFS 作为 GFS 的实现,是 Hadoop 项目的核心子项目,是分布式计算中数据存储管理的基础,是基于流数据模式访问和处理超大文件的需求而开发的,可以运行于廉价的商用服务器上。它所具有的高容错性、高可靠性、高可扩展性、高可用性、高吞吐率等特征为海量数据提供了不怕故障的存储保障,为超大数据集的应用带来了很多便利。

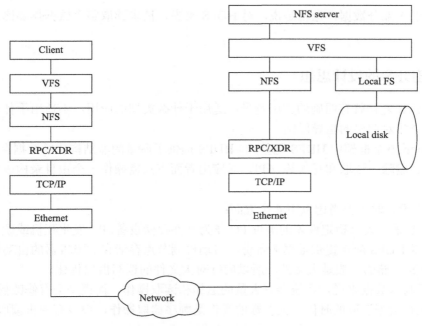

图 3-2　客户端和服务器 NFS 协议栈

3.1.2　HDFS 的特性

HDFS 有着高容错性的特点，用来部署在低廉的硬件上，它提供高吞吐率来访问应用程序的数据，适合那些有着超大数据集的应用程序。HDFS 放宽了 POSIX（Portable Operating System Interface，可移植操作系统接口）的要求，可实现以流的形式访问文件系统中的数据。

3.1.2.1　高容错性

Hadoop 对硬件的要求比较低，只需运行在低廉的商用硬件集群上，无需昂贵的高性能机器。廉价商用机的使用也会导致大型集群出现节点故障的概率非常高，这就要求设计 HDFS 时要充分考虑数据的可靠性、安全性及高可用性。HDFS 在数据保存的过程中会自动将数据保存多个副本，当其中的一个副本丢失后会对其进行自动恢复。

3.1.2.2　处理超大文件

目前在 Hadoop 的实际应用上，HDFS 已经能用来存储和管理 PB 级的数据。

3.1.2.3　流式文件访问

HDFS 适用于批量数据的处理，不适用于交互式处理，设计的目标是通过流式的数据访问保证高吞吐量，不适用于要求低延迟用户响应的应用。需要低延迟用户访问响应的可以选择 HBase。

HDFS 的设计建立在"一次写入、多次读取"任务的基础上。这意味着一个数据集一旦由数据源生成，数据会被复制分发到不同的存储节点中，HDFS 接收到数据处理请求后，在集群中查找数据的存储节点，从存储节点中获取数据。在多数情况下，数据处理任务都会涉及数据集中的大部分数据,也就是说,对 HDFS 来说,请求读取整个数据集要比读取一条记录更加高效。

3.1.3 HDFS 的设计思想

HDFS 设计之初就有明确的应用场景,适用于什么类型的应用,不适用于什么类型的应用,都有一个相对明确的指导原则。

在 Hadoop 整个框架中 HDFS 是基础,HDFS 提供了海量的非结构化的数据存储,提供了文件的创建、删除、读取和写入等 API,对应用者而言只需操作一个由目录构成的树形结构即可。

HDFS 在设计时需要考虑以下 4 个方面:

① HDFS 采用大量稳定性差的廉价 PC 作为文件存储设备,PC 发生死机或硬盘故障的概率极高,所以 HDFS 应该提供数据多备份,自动检测节点存活和故障机器的自动修复。

② HDFS 存储的一般是大文件,所以应针对大文件的读写做出优化。

③ 对于写入数据来说,系统会有大量的追加和读取操作,而很少会有修改操作。

④ 在进行数据读取的时候,大多数的操作是顺序读取操作,很少有随机读取操作。

3.1.4 HDFS 的核心概念

HDFS 集群由一个元数据节点和若干数据节点组成,元数据节点是用来管理文件命名空间的主服务器,数据节点则用来管理对应节点的数据存储。

3.1.4.1 数据块(Block)

物理磁盘中有块的概念,磁盘的物理数据块是磁盘最小的操作单元,读写操作以数据块为最小单元,一般为 512B。

HDFS 的数据块比一般单机文件系统的大得多,默认为 128MB。HDFS 的文件被拆分成多个分块作为独立的存储单元。不同于普通的文件系统,HDFS 中如果一个文件小于一个数据块的大小,并不会占用整个数据块的存储空间,只会占据文件的实际大小。例如,如果一个文件大小为 1MB,则在 HDFS 中只会占用 1MB 的空间,而不是 128MB。HDFS 的数据块之所以这么大,是为了最小化查找时间,控制定位文件与传输文件所用的时间比例。假设定位到数据块所需的时间为 10ms,磁盘传输速度为 100MB/s,如果要将定位到数据块所用时间占传输时间的比例控制在 1%,则数据块大小需要约 100MB。

如果数据块设置过大,则在 MapReduce 任务中,如果 Map 或者 Reduce 任务的个数小于集群机器数量,会使得作业运行效率变得很低。

3.1.4.2 元数据节点

NameNode 负责管理分布式文件系统的命名空间,存放文件系统树及所有文件、目录的元数据等信息,保存了两个核心的数据结构,即 FSimage(File System Image,文件系统镜像)和文件系统编辑日志(EditLog)。

FSimage 用于维护文件系统树及文件树中所有的文件和文件夹的元数据,保存着某一特定时刻 HDFS 的目录树、元信息和数据块索引等信息，后续对这些信息的改动，则保存在编辑日志中，它们一起提供了一个完整的元数据节点第一关系。编辑日志中记录了所有对文件的创建、删除、重命名等操作。

通过元数据节点，客户端还可以看到数据块所在的数据节点信息。需要注意的是，元数据节点与数据节点相关的信息不保留在元数据节点的本地文件系统中，即不保存在命名空间镜像和编辑日志中，元数据节点每次启动时，都会动态地重建这些信息，这些信息构成了元数据节点第二关系。运行时，客户端通过元数据节点获取上述信息，然后和数据节点进行交互，读写文件数据。

另外，元数据节点还能获取 HDFS 整体运行状态的一些信息，如系统的可用空间、已经使用的空间、各数据节点的当前状态等。

3.1.4.3 数据节点

数据节点是分布式文件系统 HDFS 的工作节点，负责数据的存储和读取操作，会根据客户端或者是名称节点的调度来进行数据的存储和检索，并且向名称节点定期发送自己所存储的块的列表。

HDFS 是 Hadoop 的一个抽象的文件系统概念，使用 hdfs dfs -ls / 之类的命令可以看到的是如图 3-3 所示的文件系统目录，但在本地却找不到对应的目录和文件，因为这是一个虚拟的文件目录，其数据实际存放在 DataNode 的 data 目录中，data 目录中的内容如图 3-4 所示。

图 3-3　HDFS 文件系统目录　　　　　　图 3-4　data 目录中的内容

从图 3-5 所示的树状目录结构中可以更直观地看出 data 目录结构。

图 3-5　data 树状目录结构

在图 3-5 中可以看到 finalized、rbw 等，其中 finalized 表示已经写好的完整的副本块，rbw 表示正在被写入的副本块。

HDFS 将这些分布在 DataNode 中的数据综合起来映射到一个文件系统中。

3.1.4.4 从元数据节点

元数据管理是在内存中进行的，一旦发生故障，无法恢复。针对该问题的解决方法是采用 Fsimage 和 EditLog 的方式来持久化数据。

Fsimage 是二进制的序列化文件，存储在 HDFS 文件系统硬盘中的元数据检查点中，里面记录了最后一个检查点之前 HDFS 文件系统中所有目录和文件的序列化信息。

Fsimage 出现故障以后虽然恢复速度很快，但是 HDFS 系统不能每时每刻都记录 Fsimage 信息，因为如果记录过于频繁，内存读取速度就会变慢，于是就有了 EditLog 辅助记录。

EditLog 保存了最后一次检查点之后所有针对 HDFS 文件系统的操作，如增加文件、重命名文件、删除目录等。

EditLog 记录的是对元数据增、删、改的操作，但是记录过多，日志文件就会变得越来越庞大。HDFS 系统进行数据恢复时，NameNode 读取 Fsimage 和 EditLog 两个文件，如果日志文件很庞大，数据恢复的速度就会减慢。

由于 EditLog 不断增长，在 NameNode 重启时，会造成 NameNode 长时间处于安全模式，处在不可用状态。鉴于这个原因，改进的机制是定时将 Fsimage 和 EditLog 合并成新的 Fsimage。NameNode 要周期性合并 EditLog，势必会占用大量资源，所以就出现了一个助手，引入了 Secondary NameNode。

Secondary NameNode 是 HDFS 架构中的一个重要组成部分，用来保存名称节点中对 HDFS 元数据信息的备份，并减少名称节点重启的时间。

Secondary NameNode 一般是单独运行在一台机器上，定期合并主 NameNode 的 Namespace Image 和 EditLog 两个文件。

Secondary NameNode 工作机制如下：

① 定期询问是否需要执行 checkpoint，并返回信息。

② 对 NameNode 执行 checkpoint。当满足时间＞1h 或者 EditLog 大小>64M B 时，会对 NameNode 进行 checkpoint。

③ 对原 EditLog 进行标记，生成一个新的 EditLog。新的 EditLog 用来记录合并后的新的元数据操作。

④ 复制 Fsimage 和 EditLog 到 Secondary NameNode。

⑤ 在内存中将这个两个文件合并。

⑥ 生成一个新的 Fsimage。

⑦ 将新生成的 Fsimage 复制到 NameNode。

⑧ 使用新生成的 Fsimage 替换之前存在的 Fsimage。

Secondary NameNode 的整个目标是在 HDFS 中提供一个检查点。它只是 NameNode 的一个助手节点，这也是它被认为是检查点节点的原因。Secondary NameNode 所做的不过是在文件系统中设置一个检查点来帮助 NameNode 更好地工作，它不是要取代掉 NameNode，也不是 NameNode 的备份。

3.2 HDFS 常用 shell 命令

3.2.1 HDFS 查看命令

Hadoop 支持很多 shell 命令，如 hadoop fs、hadoop dfs 和 hdfs dfs 都是 HDFS 最常用的 shell 命令，用来查看 HDFS 文件系统的目录结构、上传和下载数据、创建文件等。这三个命令既有联系有又区别，三个命令的说明如下。

➢ hadoop fs：适用于任何不同的文件系统，比如本地文件系统和 HDFS 文件系统。
➢ hadoop dfs：只能适用于 HDFS 文件系统。
➢ hdfs dfs：跟 hadoop dfs 命令的作用一样，也只能适用于 HDFS 文件系统。

统一使用 hdfs dfs 命令对 HDFS 进行操作，命令及功能如表 3-1 所示。

表 3-1 hdfs dfs 命令及功能列表

命令	功能
hdfs dfs -ls	查看当前目录的文件
hdfs dfs -lsr	递归查看
hdfs dfs -du	查看文件的大小
hdfs dfs -dus	查看文件夹中所有文件的大小
hdfs dfs -count	统计文件、文件夹的数量
hdfs dfs -mv	将文件或目录从 HDFS 的源路径移动到目标路径
hdfs dfs -cp	文件或目录复制到目标路径，复制时文件不存在也可以成功操作
hdfs dfs -rm	删除文件或目录
hdfs dfs -rm -r	递归删除文件和文件夹
hdfs dfs -put	本地目录的文件上传到 hdfs
hdfs dfs -copyFromLocal	等同于 put 本地上传
hdfs dfs -copyToLocal	复制文件到本地，从 hdfs 复制
hdfs dfs -getmerge	将源目录和目标文件作为输入，将 src 中的文件连接到目标文件，即把两个文件的内容合并起来
hdfs dfs -moveFromLocal	将源文件从本地移除，移动到指定目录，移动以后第一个文件被删除
hdfs dfs -cat	查看文件内容
hdfs dfs -setrep	修改文件备份数
hdfs dfs -touchz	创建空白文件
hdfs dfs -mkdir	创建文件夹目录

打开一个终端，首先启动 Hadoop，命令如下。

```
cd /usr/local/Hadoop
./sbin/start-dfs.sh
```

在终端输入 hdfs dfs 命令，查看命令共支持哪些操作，命令如下。

```
cd /usr/local/Hadoop
./bin/hdfs dfs
```

上述命令执行后，会显示类似如下的结果（这里只列出部分命令）：

```
[-appendToFile ... ]
[-cat [-ignoreCrc] ...]
[-checksum ...]
[-chgrp [-R] GROUP PATH...]
[-chmod [-R] <MODE[,MODE]... | OCTALMODE> PATH...]
[-chown [-R] [OWNER][:[GROUP]] PATH...]
[-copyFromLocal [-f] [-p] [-l] ... ]
[-copyToLocal [-p] [-ignoreCrc] [-crc] ... ]
[-count [-q] [-h] ...]
[-cp [-f] [-p | -p[topax]] ... ]
[-createSnapshot []]
[-deleteSnapshot ]
[-df [-h] [ ...]]
[-du [-s] [-h] ...]
[-expunge]
[-find ... ...]
[-get [-p] [-ignoreCrc] [-crc] ... ]
[-getfacl [-R] ]
[-getfattr [-R] {-n name | -d} [-e en] ]
[-getmerge [-nl] ]
[-help [cmd ...]]
[-ls [-d] [-h] [-R] [ ...]]
[-mkdir [-p] ...]
[-moveFromLocal ... ]
[-moveToLocal ]
[-mv ... ]
[-put [-f] [-p] [-l] ... ]
```

可以看出，hdfs dfs 命令的统一格式是类似 "hdfs dfs -ls" 这种形式，即在 "-" 后面跟上具体的操作参数。

使用 -help 参数可以查看某个命令的作用，如需要查询 put 命令的具体用法时，命令如下。

```
./bin/hdfs dfs -help put
```

输出的结果如下：

```
-put [-f] [-p] [-l] ... :
  Copy files from the local file system into fs. Copying fails if the file
already exists, unless the -f flag is given.
  Flags:
  -p Preserves access and modification times, ownership and the mode.
  -f Overwrites the destination if it already exists.
  -l Allow DataNode to lazily persist the file to disk. Forces replication
factor of 1. This flag will result in reduced durability. Use with care.
```

3.2.2 HDFS 目录操作命令

Hadoop 系统安装完成以后，第一次使用 HDFS 时，需要在 HDFS 中创建用户目录。由于在执行命令时全部采用 Hadoop 用户登录 Linux 系统，因此，在 HDFS 中需要为 Hadoop 用户创建一个用户目录，命令代码如下：

```
cd /usr/local/Hadoop
./bin/hdfs dfs -mkdir -p /user/Hadoop
```

此命令是在 HDFS 中创建一个"/user/Hadoop"目录，"–mkdir"表示创建目录，"-p"表示如果是多级目录，则父目录和子目录一起创建，"/user/Hadoop"是一个多级目录，因此必须使用参数"-p"，否则会报错。

"/user/Hadoop"目录创建成功以后便成为 Hadoop 用户对应的用户目录，使用如下命令显示 HDFS 中与当前 Hadoop 用户对应的用户目录下的内容：

```
./bin/hdfs dfs -ls .
```

命令中"-ls"表示列出 HDFS 某个目录下的所有内容，"."表示 HDFS 中的当前用户目录，也就是"/user/Hadoop"目录，因此，上面的命令和下面的命令是等价的：

```
./bin/hdfs dfs -ls /user/Hadoop
```

使用如下命令列举 HDFS 上的所有目录：

```
./bin/hdfs dfs -ls
```

使用下面的命令在当前的目录下面创建一个 input 目录：

```
./bin/hdfs dfs -mkdir input
```

在创建 input 目录时，采用了相对路径形式，实际上，input 目录创建成功以后，它在 HDFS 中的完整路径是"/user/Hadoop/input"。如果要在 HDFS 的根目录下创建一个名称为 input 的目录，则需要在"input"前面加上"/"：

```
./bin/hdfs dfs -mkdir /input
```

使用 rm 命令删除一个目录，使用下面的命令删除刚才在 HDFS 中创建的"/input"目录，注意此时的"/input"目录不是"/user/Hadoop/input"目录：

```
./bin/hdfs dfs -rm -r /input
```

在命令中的"-r"参数表示删除"/input"目录及其子目录下的所有内容，如果要删除的目录包含子目录，则必须使用"-r"参数，否则会执行失败。

3.2.3 文件操作

在实际应用中，经常需要从本地文件系统向 HDFS 上传文件，或者把 HDFS 的文件下载到本地文件系统中。

使用 sudo vim /usr/local/word.txt 命令，在本地 Linux 文件系统的"/usr/local/"目录下创建一个文件 word.txt，在文件中随意输入一些英语单词：

```
hadoop spark
hello hadoop
hello spark
yarn hbase
hive mapreduce
flume flink
hue maven
maven spark
```

3.2.3.1 上传文件

使用 hdfs dfs -put 命令把本地文件系统的"/usr/local/word.txt"文件上传到 HDFS 的"/user"目录下。文件上传以后使用 hdfs dfs –ls /user 命令查看文件是否成功上传到 HDFS 中，具体命令如下：

```
./bin/hdfs dfs -put /usr/local/word.txt  /user
./bin/hdfs dfs -ls /user
```

命令执行结果如图 3-6 所示。

图 3-6 上传文件结果

3.2.3.2 查看文件内容

使用 HDFS 中的 hdfs dfs -cat 命令查看 word.txt 文件的内容，具体命令如下：

```
./bin/hdfs dfs -cat /user/word.txt
```

命令执行结果如图 3-7 所示。

图 3-7 查看文件内容命令执行结果

3.2.3.3 文件下载

使用 hdfs dfs –get 命令将 HDFS 中的 word.txt 文件下载到本地文件系统中的"usr/local/hadoop/"目录下,具体命令代码如下:

```
hdfs dfs -get /usr/word.txt  /usr/local/hadoop/
```

命令执行结果如图 3-8 所示。

图 3-8　下载文件命令执行结果

使用 vim 命令查看下载到本地文件系统的 word.txt 文件。具体命令代码如下:

```
sudo  vim  /usr/local/hadoop/word.txt
```

命令执行结果如图 3-9 所示。

图 3-9　vim 命令查看文件内容

3.2.3.4 文件复制

使用 hdfs dfs –cp 命令将文件从 HDFS 中的一个目录复制到 HDFS 中的另外一个目录。例如将 HDFS 的"/user/word.txt"文件,复制到 HDFS 的另外一个目录"/spark"中,具体命令代码如下:

```
hdfs dfs -cp /user/word.txt  /spark
```

命令执行结果如图 3-10 所示。

图 3-10　文件复制命令执行结果

3.3 HDFS 基础编程

3.3.1 用 HDFS API 上传本地文件

通过 HDFS API 中 FileSystem 的 copyFromLocalFile 方法实现将本地文件上传到 HDFS 文件系统。

Java 抽象类 org.apache.hadoop.fs.FileSystem 定义了 Hadoop 的一个文件系统接口，该类是一个抽象类，通过下面两种静态工厂方法可以获取 FileSystem 实例：

```
public static FileSystem.get(Configuration conf) throws IOException
public static FileSystem.get(URI uri, Configuration conf) throws IOException
```

copyFromLocalFile 方法定义如下：

```
public boolean copyFromLocalFile(Path src, Path dst) throws IOException
```

例：将 Linux 系统 Data 目录的 word.txt 文件上传到 HDFS 的 user 目录，程序如下：

```java
import java.io.IOException;
import java.net.URI;
import java.net.URISyntaxException;
import org.apache.hadoop.conf.Configuration;
import org.apache.hadoop.fs.FileSystem;
import org.apache.hadoop.fs.Path;
/**
 *把本地文件（如windows或linux文件复制到hdfs上）
 */
public class CopyingLocalFileToHDFS
{
    public static void main(String[] args) throws IOException,URISyntaxException{
        // windows本地文件路径
        //String source = "D://Data/word.txt";
        //linux 文件路径
        String source = "./data/word.txt";
        // hdfs 文件路径
        String dest = "hdfs://master:9000/user/ ";
        copyFromLocal(source, dest);
    }

    /**
     * @function 本地文件上传至 HDFS
     * @param source 原文件路径
     * @param dest   目的文件路径
     */
    public static void copyFromLocal(String source, String dest)throws
```

```
IOException, URISyntaxException {
        // 读取hadoop文件系统的配置
        Configuration conf = new Configuration();
        URI uri = new URI("hdfs://master:9000");
        // FileSystem是用户操作HDFS的核心类，它获得URI对应的HDFS文件系统
        FileSystem fileSystem = FileSystem.get(uri, conf);
        // 源文件路径
        Path srcPath = new Path(source);
        // 目的路径
        Path dstPath = new Path(dest);
        // 查看目的路径是否存在
        if (!(fileSystem.exists(dstPath))) {
            // 如果路径不存在，即刻创建
            fileSystem.mkdirs(dstPath);
        }
        // 得到本地文件名称
        String filename = source.substring(source.lastIndexOf('/') +1,
source.length());
        try {
            // 将本地文件上传到HDFS
            fileSystem.copyFromLocalFile(srcPath, dstPath);
            System.out.println("File " +filename +" copied to " +dest);
        } catch (Exception e) {
            System.err.println("Exception caught! :" +e);
            System.exit(1);
        } finally {
            fileSystem.close();
        }
    }
}
```

程序执行成功后，在浏览器中输入http://master:50070登录HDFS管理界面，查看HDFS集群的概述，HDFS集群概述如图3-11所示。

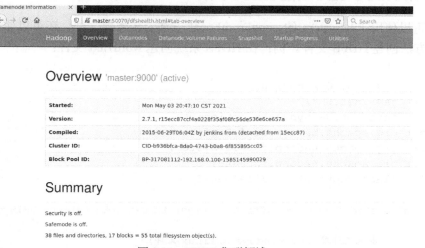

图3-11　HDFS集群概述

单击图 3-11 右上角的 "Utilities" 查看目录及文件信息，如图 3-12 所示。

图 3-12　目录及文件信息

通过 HDFS 可以看到上传成功的文件，代表上传文件成功。
注意：第一次调用 hdfs 文件可能会出现权限不够的问题，会出现如下代码：

```
Permission denied: user=XXX, access=WRITE, inode="/":root:supergroup:
drwxr-xr-x
```

可以在 Hadoop 的 hdfs-site.xml 配置文件中添加如下配置解决问题：

```xml
<property>
    <name>dfs.permissions</name>
    <value>false</value>
</property>
```

3.3.2　用 HDFS API 创建 HDFS 文件

不仅可以使用 FileSystem 的 copyFromLocal 方法上传本地文件，还可以使用 FileSystem 的 create 方法创建 HDFS 文件。例：在 HDFS 系统创建 word1.txt 文件：

```java
import java.io.IOException;
import java.net.URI;
import java.net.URISyntaxException;
import org.apache.hadoop.conf.Configuration;
import org.apache.hadoop.fs.FileSystem;
import org.apache.hadoop.fs.Path;
public class CopyingLocalFileToHDFS
{
    public static void main(String[] args) throws IOException, URISyntaxException{
        // 本地文件路径(如 windows 或 linux 文件)
        //String source = "D://Data/word.txt";
```

```
    Configuration conf = new Configuration();
    URI uri = new URI("hdfs://master:9000");
    conf.set("fs.defaultFS","hdfs://master:9000");
    // FileSystem是用户操作HDFS的核心类,它获得URI对应的HDFS文件系统
    FileSystem fileSystem = FileSystem.get(conf);
    Path path = new Path("/user/word1.txt");
    fileSystem.create(path);
    fileSystem.close();
    System.out.println("创建文件成功");
    }
}
```

3.3.3 用 HDFS API 读取和写入文件

HDFS API 读取和写入文件使用的是 FSDataOutputStream 和 FSDataInputStream 方法。例:使用 FSDataOutputStream 在 HDFS 系统创建 word2.txt 文件,向新建的 word2.txt 文件写入内容,代码如下:

```
import java.io.IOException;
import java.net.URI;
import java.net.URISyntaxException;
import org.apache.hadoop.conf.Configuration;
import org.apache.hadoop.fs.FileSystem;
import org.apache.hadoop.fs.Path;
public class WriteToHDFS
{
    public static void main(String[] args) throws IOException,URISyntaxException{
        Configuration conf = new Configuration();
        URI uri = new URI("hdfs://master:9000");
        conf.set("fs.defaultFS","hdfs://master:9000");
        // FileSystem是用户操作HDFS的核心类,它获得URI对应的HDFS文件系统
        FileSystem fileSystem = FileSystem.get(conf);
        Path path = new Path("/user/word2.txt");
        FSDataOutputStream out = fileSystem.create(path);
        out.writeUTF("Hello World!");
        fileSystem.close();
        System.out.println("文件内容写入成功");
    }
}
```

使用 FSDataInputStream 读取 HDFS 系统中 word.txt 文件内容,代码如下:

```
import java.io.IOException;
import java.net.URI;
import java.net.URISyntaxException;
import org.apache.hadoop.conf.Configuration;
```

```
import org.apache.hadoop.fs.FileSystem;
import org.apache.hadoop.fs.Path;
public class ReadFromHDFS
{
    public static void main(String[] args) throws IOException,URISyntaxException{
        Configuration conf = new Configuration();
        URI uri = new URI("hdfs://master:9000");
        conf.set("fs.defaultFS","hdfs://master:9000");
        // FileSystem是用户操作HDFS的核心类,它获得URI对应的HDFS文件系统
        FileSystem fileSystem = FileSystem.get(conf);
        Path path = new Path("/user/word.txt");
        FSDataIutputStream in = fileSystem.open(path);
        String data = in.readUTF();
        fileSystem.close();
        System.out.println("文件内容:"+data);
    }
}
```

程序执行成功后在控制台可以看到读取文件的内容,执行结果如图3-13所示。

图 3-13 读取文件结果

3.3.4 用 HDFS API 创建 HDFS 目录

HDFS API 创建 HDFS 目录使用的是 FileSystem 类中的 mkdirs()方法。例:使用 FileSystem 类中的 mkdirs()方法在 HDFS 系统创建新目录,代码如下:

```
import java.io.IOException;
import java.net.URI;
import java.net.URISyntaxException;
import org.apache.hadoop.conf.Configuration;
import org.apache.hadoop.fs.FileSystem;
import org.apache.hadoop.fs.Path;
public class ReadFromHDFS
{
    public static void main(String[] args) throws IOException,URISyntaxException{
      Configuration conf = new Configuration();
                URI uri = new URI("hdfs://master:9000");
                conf.set("fs.defaultFS","hdfs://master:9000");
                // FileSystem是用户操作HDFS的核心类,它获得URI对应的HDFS文
件系统
```

```
            FileSystem fileSystem = FileSystem.get(conf);
            Path path = new Path("/hdfs ");
            fileSystem.mkdirs(path);
            fileSystem.close();
            System.out.println("HDFS目录创建成功! ");
    }
}
```

通过 HDFS web 管理界面可以查看创建成功的目录。

3.3.5 用 HDFS API 查找文件所在位置

使用 FileSystem.getFileBlockLocation（FileStatus file，long start，long len）方法实现查找指定文件在 HDFS 集群上的位置，其中 file 为文件的完整路径，start 和 len 表示查找文件的起始位置和文件长度。

例：使用 fileSystem 类的 getFileBlockLocations 方法查看 HDFS 集群中文件块的所在位置，代码如下：

```
import java.io.IOException;
import org.apache.hadoop.conf.Configuration;
import org.apache.hadoop.fs.BlockLocation;
import org.apache.hadoop.fs.FileStatus;
import org.apache.hadoop.fs.FileSystem;
import org.apache.hadoop.fs.Path;
//查找某个文件在HDFS集群中的位置
public class FindFile {
    public static void main(String[] args) throws IOException {
        Configuration conf = new Configuration();
        FileSystem fileSystem = FileSystem.get(conf);
        // 必须是一个具体的文件
        Path path = new Path("/user/word.txt");
        // 文件状态
        FileStatus fileStatus = fileSystem.getFileStatus(path);
        // 文件块
        BlockLocation[] blockLocations = fileSystem.getFileBlockLocations(
                fileStatus, 0, fileStatus.getLen());
        int blockLen = blockLocations.length;
        System.err.println("block Count:" +blockLen);
        for (int i = 0; i < blockLen; i++) {
            //主机名
            String[] hosts = blockLocations[i].getHosts();
            for(String s:hosts){
                System.err.println(s);
            }
        }
    }
}
```

程序执行成功以后，会显示出所查找文件每一数据块所在集群的位置，程序的运行结果如图 3-14 所示。

3.4 HDFS 工作机制

3.4.1 HDFS 写数据流程

图 3-14 查找文件块所在位置

当客户端向 HDFS 写入数据时，首先要跟 NameNode 通信，获得可以写入文件许可并获得接收文件 Block 的 DataNode，然后，客户端按顺序将文件逐个 Block 传递给相应 DataNode，并由接收到 Block 的 DataNode 负责向其他 DataNode 复制 Block 的副本。写数据流程如图 3-15 所示。

图 3-15 HDFS 写数据流程

HDFS 写数据流程主要分为 9 个步骤。

① 客户端向 NameNode 发出写文件请求。

② NameNode 收到客户端的请求后检测元数据的目录树。

③ 检查数据操作权限并判断上传的文件是否已存在，如果已存在，则拒绝 Client 的上传。如果不存在，则响应客户端可以上传。

预写日志（Write Ahead Log）先写 Log 再写内存，EditLog 保存的是 HDFS 客户端执行所有写操作的最新记录。如果后续写操作失败，由于在写操作之前，操作已经被写入 EditLog 文件，故 Edit Log 文件仍会有记录，不用担心后续 Client 读取不到相应的数据块；因为在第 5 步 DataNode 收到数据块后获得了返回确认信息，若写操作失败，在发送端不会收到确认信息，发送端会一直重试写操作，直到成功。

④ 客户端收到可以上传的响应信息以后，会把待上传的文件进行切块（Hadoop2.x 默认

块大小为 128MB），然后再次给 NameNode 发送请求，上传第一个 Block 块。

⑤ NameNode 收到客户端上传 Block 块的请求后，首先会检测其保存的 DataNode 信息，确定该文件块存储在哪些节点上。

⑥ NameNode 发给客户端一组 DataNode 节点信息。

⑦ 客户端根据收到的 DataNode 节点信息，首先在集群环境选择某台 DataNode 建立网络连接。

⑧ DataNode 节点会与剩下的其他备份节点建立传输通道，通道连通后返回确认信息给客户端，表示通道已连通，可以传输数据。

⑨ 客户端收到确认信息后，通过网络向已经选择的 DataNode 节点写第一个 Block 块的数据，DataNode 收到数据后，首先会缓存起来，然后将缓存里的数据保存一份到本地，一份发送到传输通道，由其他的 DataNode 实现数据备份。

客户端收到的确认信息包括已经分配的 DataNode 列表和 Data 数据，客户端将这些确认信息发送给最近的第一个 DataNode 节点，此后客户端和 NameNode 分配的多个 DataNode 构成数据传输管道。客户端向第一个 DataNode 写入每一个 Packet，每个 Packet 通过数据传输管道再传送给其它的 DataNode。

每个 DataNode 写完一个数据块，会向 NameNode 返回确认信息。

第一个 Block 块写入完毕，若客户端还有剩余的 Block 未上传，则客户端会从第③步重新开始，执行上述步骤，直到整个文件上传完毕。文件上传完成以后关闭输出流，客户端发送数据传输完成信号给 NameNode。

3.4.2 HDFS 读数据流程

客户端从 HDFS 读取数据，首先要和 NameNode 进行通信，确认可以读取文件并获得文件所在的 DataNode 信息，然后客户端接收 DataNode 节点上的 Block 信息，数据接收完成以后，将接收的数据写入目标文件。读数据流程如图 3-16 所示。

图 3-16　HDFS 读数据流程

HDFS 读数据流程主要分为 6 个步骤。

① 客户端向 NameNode 发送读取文件请求。

② NameNode 接收到读取请求后查询元数据，找到文件块所在的所有 DataNode，返回存储在 DataNode 的 Block 信息。

③ 客户端接收 NameNode 返回的 Block 信息，根据就近原则随机选择文件块所在的 DataNode 中的一个，建立数据通信通道，获取文件切片。

④ DataNode 将该节点上的切片信息发送给客户端。

⑤ 如果没有获取到所有的切片信息，再与距离最近的其他切片副本所在的 DataNode 建立通信通道，获取该节点的切片。如此重复，直到获取到所有的切片信息。

⑥ 客户端以 Packet 为单位接收到所有切片后，将切片组装为完整的文件，先在本地缓存，然后写入目标文件。

在读取数据时，如果 DFSInputStream 与 DataNode 通信时遇到错误，会尝试从文件数据块的其它邻近 DataNode 读取数据，也会记住故障 DataNode，保证以后不会反复读取该节点上的其它数据。DFSInputStream 也会通过校验和确认 DataNode 发送的数据是否已经完成，如果发现损坏块，DFSInputStream 会试图从其他 DataNode 读取其副本之前通知 NameNode。

HDFS 如此设计的重点是 NameNode 告知客户端每个块中最佳的 DataNode，并让客户端直接连接到该 DataNode 检索数据，这样可以使 HDFS 扩展到大量的并发客户端，同时，NameNode 只需要响应块位置的请求，由于数据块信息均存储在内存中，因此读取效率比较高。

读写数据过程中，通过校验和保证数据的完整性。每个 Chunk 中都有一个校验位，多个 Chunk 构成一个 Packet，多个 Packet 最终构成一个 Block，故可根据写入的数据计算校验和，并在读取数据时验证校验和。

HDFS 的客户端能检查 HDFS 文件内容的校验和（Checksum）。当客户端创建一个新的 HDFS 文件，数据分块后会计算这个文件每个数据块的校验和，此校验和会以一个隐藏文件形式保存在同一个 HDFS 命名空间。当客户端从 HDFS 中读取文件内容后，会检查分块时候计算出的校验和（隐藏文件里），与读取到的文件块中校验和进行匹配，如果不匹配，客户端可以选择从其他 DataNode 获取该数据块的副本。

HDFS 中文件块目录结构如图 3-17 所示。

in_use.lock 表示 DataNode 正在对文件夹进行操作。

rbw 表示正在被写入的副本块，该目录用于存储用户当前正在写入的数据。

Block 元数据文件由一个包含版本、类型信息的头文件和一系列校验值组成。校验和也存在该文件中。

图 3-17 HDFS 中文件块目录结构

3.4.3 NameNode 工作机制

管理元数据信息用来存储文件与 Block 块的关系、Block 块与 DataNode 的关系。NameNode 为快速响应用户操作，把元数据信息加载到内存中，同时在磁盘备份元数据的 FSimage，当元数据有更新或者添加元数据时，修改内存中的元数据，把除查询操作以外的其他操作记录追加到日志文件中。如果 NameNode 节点发生故障，可以通过 FSimage 和 Edits 的合并，重新把元数据加载到内存中，此时 Secondary NameNode 专门用于 FSimage 和 Edits 的合并。

3.4.3.1 NameNode 的工作职责

- 负责客户端的请求及响应。
- 元数据的管理（查询，修改）。
- 副本存放策略安排。
- Block 块的负载均衡。

NameNode 是主节点，存储文件的元数据，包括文件名、文件目录结构、文件属性、生成时间、副本数和文件权限等信息，同时存储每个文件的块列表和文件块存在哪一个 DataNode 等信息。NameNode 周期性接收心跳和块的状态报告信息，如果接收到心跳信息，NameNode 认为 DataNode 的工作状态正常，如果在 10min 后还没有接收到 DataNode 的心跳，则 NameNode 认为 DataNode 发生故障或者已经死机，NameNode 需要准备 DataNode 上的数据块，重新进行复制操作。

块的状态报告包含了一个 DataNode 上所有数据块的列表，块的状态报告每隔 1 小时向 NameNode 发送 1 次。

NameNode 对数据的管理采用内存元数据、磁盘元数据镜像文件和数据操作日志文件三种存储形式。

3.4.3.2 元数据存储机制

- 内存中有一份完整的元数据。
- 在磁盘的 NameNode 工作目录有一个"完整"的元数据镜像文件。
- 用于衔接内存元数据和持久化元数据镜像之间的操作日志。
- 当客户端对 HDFS 中的文件进行新增或者修改操作，操作记录首先被记入 Edits 日志文件中，当客户端操作成功后，相应的元数据会更新到内存元数据中。

3.4.4 DataNode 工作机制

HDFS 在实现数据存储的过程中，会将上传的数据划分为固定大小的文件块，在 Hadoop 2.73 版本之前是 64MB，之后的版本改为了 128MB，为了保证数据安全，每个文件默认都是三个副本。

3.4.4.1 DataNode 工作职责

- 存储、管理用户的文件块数据。
- 定期向 NameNode 汇报自身所持有的 Block 信息（通过心跳信息上报）。

DataNode 启动成功后在 NameNode 进行注册，注册成功后 DataNode 每隔一段时间上传所有数据块信息，NameNode 如果超过 10min 没有收到某个 DataNode 的心跳，则认为该节点不可用。DataNode 工作流程如图 3-18 所示。

图 3-18 DataNode 工作流程

3.4.4.2 DataNode 掉线判断的限时参数

如果因 DataNode 进程死亡或网络故障造成 DataNode 无法与 NameNode 通信，NameNode 不会立即把该节点判断为死亡，要经过一段时间，这段时间称为超时时长，HDFS 默认的超时时长为 10min+30s，如果定义超时时间为 timeout，则超时时长的计算公式为：

```
timeout = 2* heartbeat.recheck.interval +10 * dfs.heartbeat.interval
```

默认的 heartbeat.recheck.interval 大小为 5min，dfs.heartbeat.interval 默认为 3s。

hdfs-site.xml 配置文件中 heartbeat.recheck.interval 的单位为 ms，dfs.heartbeat.interval 的单位为 s。所以，假如 heartbeat.recheck.interval 设置为 5000ms，dfs.heartbeat.interval 设置为 3，则总的超时时长为 40s。

3.5 HDFS 客户信息管理

3.5.1 环境搭建

3.5.1.1 下载并安装 JDK

① 在浏览器中输入 JDK 的官网地址，根据自己的需要自行选择下载的 JDK 版本，如图 3-19 所示。

图 3-19 JDK 版本信息

② 下载完成后，打开文件后根据提示信息单击 "Next" 即可完成安装，安装完成以后配置 Java 环境变量。

③ 选中 Windows10 系统的 "此电脑" 图标，在选中的图标上单击鼠标右键，在弹出的菜单中选择 "属性"，打开 "系统" 窗口，如图 3-20 所示。单击图 3-20 左侧的 "高级系统设置"，打开系统属性对话框，在 "系统属性" 对话框的上方选择 "高级" 后单击下方的 "环境变量设置"，打开环境变量对话框，如图 3-21 所示。

第3章 分布式文件系统 HDFS

图 3-20 高级系统设置

图 3-21 环境变量选择

④ 选择"系统变量"下面的 Path 变量后单击"编辑"按钮，在弹出的编辑环境变量对话框中单击"新建"按钮，在新的编辑框中输入 JDK 的 bin 目录（C:\Program Files\Java\jdk1.8.0_202\bin），输入完成以后单击"确定"按钮，如图 3-22 所示，至此 JDK 安装成功。

3.5.1.2 下载安装 Eclipse

① 访问 Eclipse 的官网，进入下载页面，根据自己的操作系统选择对应的版本，下载成功后解压缩。

图 3-22　JDK 环境变量设置

图 3-23　Eclipse 启动界面

② 在解压缩后的"eclipse"文件夹中双击"eclipse.exe",弹出 Eclipse IDE Launcher 对话框,如图 3-23 所示,在该对话框中选择存储工作空间的目录,最后单击"Launch"按钮启动 Eclipse。

3.5.1.3　Maven 环境配置

打开 Maven 的官网,下载页面选择需要下载的 Maven 版本。Maven 下载页面如图 3-24 所示。

图 3-24　Maven 下载页面

Maven 文件下载完成以后将下载文件解压到本地磁盘,可以放在任意位置,目录名不要出现中文。

因为 Maven 不需要安装,只需要对 Maven 进行环境变量配置,配置环境变量和 Java 环境变量配置方法一样,在此不再讲述。

选择"开始"→"运行"菜单命令,在弹出的运行对话框中输入"cmd"后按〈Enter〉键,在弹出的 DOS 窗口输入 mvn -v,如果看到下载的 maven 版本说明配置成功,如图 3-25 所示。

图 3-25　maven 版本信息

3.5.1.4 配置 Maven 本地仓库

Maven 解压缩完成以后,新建一个文件夹 repository(也可以命名为其他名称),该文件夹用作 Maven 的本地仓库。在 Maven 解压后的 conf 文件夹中找到 setting.xml 文件,在该文件中查找代码<localRepository>/path/to/local/repo</localRepository>。localRepository 节点默认是注释掉的,需要把它移到注释之外,然后将 localRepository 节点的值修改为新建的 repository 目录。

将 Maven 镜像路径修改为阿里镜像路径,以便从远程仓库下载 JAR 包时速度更快,在 setting.xml 文件中查找如下代码:

```
<mirror>
  <id>mirrorId</id>
  <mirrorOf>repositoryId</mirrorOf>
  <name>Human Readable Name for this Mirror.</name>
  <url>http://my.repository.com/repo/path</url>
</mirror>
```

这一段代码在文件中已经被注释,需要将代码的注释去掉,将代码重新修改为以下代码:

```
<mirrors>
  <mirror>
  <id>alimaven</id>
  <name>aliyun maven</name>
  <url>
   http://maven.aliyun.com/nexus/content/groups/public/
  </url>
  <mirrorOf>central</mirrorOf>
  </mirror>
</mirrors>
```

3.5.1.5 配置 Eclipse 的 Maven 环境

① 打开 Eclipse 软件,选择"Window"→"Preferences"菜单命令,打开"Preferences"对话框,在左侧窗格中依次选择"Maven"→"Installations",如图 3-26 所示。

② 单击图 3-26 右侧的"Add"按钮,弹出 New Maven Runtime 对话框,如图 3-27 所示。单击"Directory"按钮,在弹出的对话框中选择 Maven 的安装目录,单击"Finish"按钮。

③ 选中新增加的 Maven,单击"Apply and Close"按钮完成 Maven 的配置,如图 3-28 所示。

④ Maven 配置完成后,还需要配置 Maven 的"User Settings"文件,使用 Maven 中设置的镜像下载地址。在图 3-28 的左侧窗格中依次选择"Maven"→"User Settings",如图 3-29 所示。

⑤ 单击图 3-29 右侧的第二个"Browse"按钮,在弹出的文件选择对话框中选择 Maven 安装目录的 settings.xml 文件,最后单击"Apply and Close"按钮。此时 Maven 环境搭建完成了,可以创建 Maven 工程。

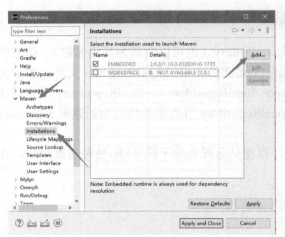

图 3-26　Eclipse 中安装 Maven

图 3-27　"New Maven Runtime"对话框

图 3-28　Maven 的安装

图 3-29　Settings 文件的配置

3.5.2　写入客户信息

① 新建 Maven 工程，在 Eclipse 软件中选择"File"→"New"→"Other"菜单命令，打开新建工程的 New 对话框。在 New 对话框中依次选择"Maven"→"Maven Project"，如图 3-30 所示。

② 在图 3-30 中单击"Next"按钮，弹出 New Maven Project 对话框，如图 3-31 所示。

③ 在 New Maven Project 对话框中，输入"Group Id"和"Artifact Id"等内容，单击"Finish"按钮完成 Maven 工程创建。

➢ Group Id：group 翻译成中文就是组、集团的意思，Group Id 就是这样一个组或集团的 ID 标志，如 Apache 官网上有非常多的项目，每个项目里面肯定能找得到 org.apache.xxxx，而 org.apache 就是这里的 Group Id。

➢ Artifact Id：例如 Apache 官网每个项目的名字就是 Artifact Id，换言之，Artifact Id 就是项目名。

➢ version：项目的版本信息。

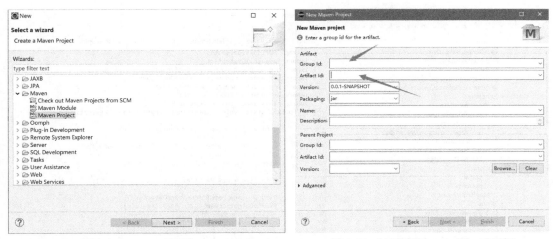

图 3-30　New 对话框　　　　图 3-31　New Maven Project 对话框

当 Maven 项目创建完成，在根目录下有一个 pom.xml 文件，Maven 项目通过 pom.xml 进行项目的管理。如果没有 pom.xml 文件，Eclipse 不会将该项目当作一个 Maven 项目。

④ Maven 工程使用 HDFS API，需要获得连接 Hadoop 与 HDFS 的依赖包，在 Maven 工程的 pom.xml 文件中编写如下代码，从远程仓库下载工程使用的 HDFS API 所需要 JAR 包：

```xml
<dependency>
        <groupId>org.apache.hadoop</groupId>
        <artifactId>hadoop-common</artifactId>
        <version>${hadoopVersion}</version>
    </dependency>
    <dependency>
        <groupId>org.apache.hadoop</groupId>
        <artifactId>hadoop-hdfs</artifactId>
        <version>${hadoopVersion}</version>
    </dependency>
    <dependency>
        <groupId>org.apache.hadoop</groupId>
        <artifactId>hadoop-mapreduce-client-core</artifactId>
        <version>${hadoopVersion}</version>
    </dependency>
    <dependency>
        <groupId>org.apache.hadoop</groupId>
        <artifactId>hadoop-client</artifactId>
        <version>${hadoopVersion}</version>
    </dependency>
```

⑤ Maven 项目创建以后，在工程的"src/main/java"创建 input_customerUpload 类，如图 3-32 所示。

图 3-32　创建 input_customerUpload 类

⑥ 在 input_customerUpload 类中调用 FSDataOutputStream 方法，将本地电影信息文件上传到 HDFS。将 customer.csv 文件内容写入 HDFS 文件 customerData.txt 中。程序实现代码如下。

```java
package hdfstest.hdfstest;
import java.io.IOException;
import org.apache.hadoop.conf.Configuration;
import org.apache.hadoop.fs.FSDataOutputStream;
import org.apache.hadoop.fs.FileSystem;
import org.apache.hadoop.fs.Path;
public class input_customerUpload {
    public static void main(String[] args) throws IOException {
        //创建 Configuration 对象
        Configuration conf = new Configuration();
        //配置连接 hdfs 的地址和端口
        conf.set("fs.defaultFS", " hdfs://master:9000");
        //创建 FileSystem 对象关联设置信息
        FileSystem hdfs = FileSystem.get(conf);
        //指定本地文件路径
        Path file = new Path("E:\\java\\customer.csv");
        //指定上传 hdfs 的路径并创建
        Path p = new Path("/customerData.csv");
        FSDataOutputStream out = hdfs.create(p);
        //调用 copyFromLocalFile 方法，写入客户信息
        hdfs.copyFromLocalFile(file, p);
        //释放资源
        hdfs.close();
    }
}
```

3.5.3 读取客户信息

创建 read_customer 类,将 HDFS 存在的文件内容读取并下载到本地。调用 FSDataInputStream 方法,读取 HDFS 文件 customerData.txt 的内容。程序实现代码如下。

```java
public class read_customer {
    public static void main(String[] args) throws IOException {
        //创建 Configuration 对象
        Configuration conf = new Configuration();
        //配置连接 hdfs 的地址和端口
        conf.set("fs.defaultFS", " hdfs://master:9000");
        //创建 FileSystem 对象关联设置信息
        FileSystem hdfs = FileSystem.get(conf);
        //调用 FSDataInputStream,写入文件
        Path p = new Path("/customerData.csv");
        FSDataInputStream in = hdfs.open(p);
        BufferedReader br = new BufferedReader(new InputStreamReader(in, "UTF-8"));
        String customerData = null;
        System.out.println("客户信息为: ");
        while ((customerData = br.readLine()) != null){
            System.out.println(customerData);
        }
        hdfs.close();
    }
}
```

课后练习

一、选择题

1. (　　) 属性是 hdfs-site.xml 中的配置。
   A. dfs.replication　　　　　　　　B. fs.defaultFS
   C. mapreduce.framework.name　　　D. yarn.resourcemanager.address
2. Hadoop-2.6.5 集群中的 HDFS 的默认的数据块的大小是 (　　)。
   A. 32M　　　　B. 64M　　　　C. 128M　　　　D. 256M
3. Hadoop-2.6.5 集群中的 HDFS 的默认的副本块的个数是 (　　)。
   A. 1　　　　　B. 2　　　　　C. 3　　　　　D. 4
4. 如果我们现有一个安装 2.6.5 版本的 Hadoop 集群,在不修改默认配置的情况下存储 200 个每个 200MB 的文本文件,最终会在集群中产生 (　　) 个数据块(包括副本)。
   A. 200　　　　B. 40000　　　C. 400　　　　D. 1200
5. (　　) 不是 HDFS 的守护进程。
   A. secondaryNameNode　　　　B. datanode
   C. mrappmaster/yarnchild　　　D. NameNode

二、填空题

1. _____ 程序负责 HDFS 数据存储。
2. 查看 HDFS 系统版本的 shell 命令是_____。
3. HDFS 是基于流数据模式访问和超大文件处理的需求而开发的，具有高容错性、高可靠性、高可扩展性、高吞吐率等特征，适合的读写任务是_____。
4. _____ 是分布式文件系统 HDFS 的工作节点，负责数据的存储和读取。
5. HDFS 最常用的三种 shell 命令分别是_____、_____、_____。

三、问答题

1. HDFS 和传统的分布式文件系统相比较，有哪些独特的特性？
2. 为什么 HDFS 的块如此之大？
3. HDFS 中数据副本的存放策略是什么？

第 4 章　MapReduce 编程

  学习目标

- 了解 MapReduce 基本概念
- 理解 MapReduce 执行过程
- 熟悉 IDEA 的安装
- 掌握 MapReduce 程序开发思路
- 掌握使用 MapReduce 统计网站最大访问次数

思维导图

MapReduce 是 Hadoop 系统核心组件之一，它是一种可用于大数据并行处理的计算模型、框架和平台，主要解决海量数据的分析和计算，是目前分布式计算模型中应用较为广泛的一种。

4.1　MapReduce 的工作原理

MapReduce 是 Google 的一项重要开源技术，它是一种编程模型，用于完成大数据量的计算。通常，对于大数据量的计算，采用的处理方式就是并行计算。对于大多数开发人员来说，自己去实现一个完全意义上的并行计算程序难度太大了，而 MapReduce 就是一种简化并行计算的编程模式，它大大降低了并行程序的开发难度。

MapReduce 隐含了以下三层含义。

① MapReduce 是一个基于集群的高性能并行计算平台（Cluster Infrastructure）。它允许用市场上普通的商用服务器构成一个包含数十、数百甚至数千个节点的分布式并行计算集群。

② MapReduce 是一个并行计算的软件框架。它提供了一个庞大并且设计精良的并行计算软件框架，可以自动划分计算数据和计算任务，自动完成计算任务，在集群节点上自动分配和执行任务及收集计算结果，将数据的分布存储、数据通信和容错处理等并行计算任务的复杂细节交由系统负责处理，大大减少了软件开发人员的负担。

③ MapReduce 是一个并行程序设计模型与方法。它借助于函数式程序设计语言 Lisp 的设计思想，提供了一种简便的并行程序设计方法，用 map 和 reduce 两个函数编程实现基本的并行计算任务，提供了抽象的操作和并行编程接口，以简单方便地完成大规模数据的计算处理。

4.1.1 MapReduce 的由来和特点

MapReduce 最早是由 Google 公司研究提出的一种面向大规模数据处理的并行计算模型和方法。Google 公司设计 MapReduce 的初衷主要是为了解决其搜索引擎中大规模网页数据的并行化处理。Google 公司发明 MapReduce 之后，使用它重新改写了搜索引擎中的 Web 文档索引处理系统。由于 MapReduce 可以普遍应用于很多大规模数据的计算问题，因此发明 MapReduce 以后，Google 公司内部进一步将其广泛应用于很多大规模数据处理问题。Google 公司内有上万个各种不同的算法问题和程序都使用 MapReduce 进行处理。

2003 年和 2004 年，Google 公司在国际会议上分别发表了两篇关于 Google 分布式文件系统和 MapReduce 的论文，公布了 Google 的 GFS 和 MapReduce 的基本原理和主要设计思想。

Google 的 MapReduce 论文里提出了 MapReduce 的灵感来源于函数式语言（如 Lisp）中的内置函数 map()和 reduce()。在函数式语言里，map()函数对一个列表中的每个元素做计算，reduce()函数对一个列表中的每个元素做迭代计算。它们具体的计算是通过传入的函数来实现的。reduce()函数既然能做迭代计算，那就表示列表中的元素是相关的，如若想对列表中的所有元素执行求和运算，那么列表中至少都应该是数值。map 是对列表中每个元素做单独处理的，这表示列表中可以是杂乱无章的数据。这样看来，二者之间就存在联系了。在 MapReduce 里，map 处理的是原始数据，自然是杂乱无章的，每条数据之间没有关系；而 Reduce 阶段，数据是以 key 后面跟着若干个 value 来组织的，这些 value 有相关性，至少它们都在一个 key 下面，于是就符合函数式语言里 map 和 reduce 的基本思想了。

通过上面的分析可以将 MapReduce 理解为：把一堆杂乱无章的数据按照某种特征归纳起来，然后处理并得到最后的结果。MapReduce 的执行过程主要分为 Map、Shuffle 和 Reduce 三个阶段。Map 阶段用于解析每个数据，从中提取出 key 和 value，也就是提取数据的特征；Shuffle 阶段对 Map 阶段产生的结果进行归并，即将相同 key 对应的 value 进行整合；Reduce 阶段对 Shuffle 阶段归纳好的数据做进一步的处理，以便得到最终结果。

2004 年，开源项目 Lucene（索引检索程序库）和 Nutch（搜索引擎）的创始人 Doug Cutting 发现 MapReduce 正是其所需要的解决大规模 Web 数据处理的重要技术，因而模仿 Google 的

MapReduce 技术，基于 Java 语言设计开发了一个称为 Hadoop 的开源并行计算框架。自此，Hadoop 成为 Apache 开源组织下最重要的项目，一经推出，很快便得到了全球学术界和工业界的普遍关注，并得到推广和普及应用。

MapReduce 的推出给大数据并行处理带来了巨大的革命性影响，其已经成为事实上的大数据处理的工业标准。尽管 MapReduce 还有很多局限性，但人们普遍认为，MapReduce 是最为成功、最广为接受和最易于使用的大数据并行处理技术。MapReduce 的发展普及和带来的巨大影响远远超出了发明者和开源社区当初的意料，以至于马里兰大学教授 Jimmy Lin 在 2010 年出版的 Data-Intensive Text Processing with MapReduce 书中提出：MapReduce 改变了组织大规模计算的方式，它代表了第一个有别于冯·诺依曼结构的计算模型，是在集群规模上组织大规模计算抽象模型的第一个重大突破，是最为成功的基于大规模计算资源的计算模型。

MapReduce 具有以下特点。

1）易于编程

编写分布式程序只需要实现一些简单接口，与编写普通程序类似，避免了复杂的编码过程。同时，编写的这个分布式程序可以部署到大批量廉价的普通机器上运行。

2）具有良好的扩展性

当机器的计算资源不能满足数据存储或者计算的时候，可以通过增加机器来扩展存储和计算能力。

3）具有高容错性

MapReduce 设计的初衷是可以使程序部署运行在廉价的机器上，廉价的机器发生故障的概率相对较高，这就要求其具有良好的容错性。当一台机器"挂掉"以后，相应数据的存储和计算会被移植到另外一台机器上进行，从而实现容错性。

4）能对 PB 量级以上海量数据进行离线处理

MapReduce 可以实现对 PB 量级以上的海量离线数据进行计算，但是不适合针对数据的实时处理，比如要求毫秒级时间内返回一个计算结果，MapReduce 就很难做到。

4.1.2 MapReduce 执行过程

MapReduce 的核心思想就是"分而治之"，也就是说把一个复杂的问题，按照一定的"分解"方法分为等价的规模较小的若干部分，然后逐个解决，分别找出各个部分的结果，把各部分的结果组成整个问题的结果，这种思想来源于日常生活与工作的经验，同样也适合科学技术领域。

为了更好地理解"分而治之"的思想，来看一个生活中的例子。例如，学校想要统计学生的个人信息，有两种统计方式。第一种方式是每位学生将自己的个人信息直接上报给学校，由学校统一汇总每位学生上报的信息。第二种方式就是采用"分而治之"的思想，也就是说，先要求学生以班级为单位统计个人信息，如果必要，还可以进一步以分院为单位进一步统计，再将统计结果上报给学校，最后由学校做进一步的汇总。这两种方式相比较，显然第二种方式的策略更好，工作效率更高。

MapReduce 作为一种分布式计算模型，它主要解决海量数据的计算问题。使用 MapReduce 分析海量数据时每个 MapReduce 程序被初始化为一个工作任务，每个工作任务可以分为 Map 和 Reduce 两个阶段。其中 Map 阶段用于对原始数据进行处理，负责将复杂的任务分解成若

图 4-1　MapReduce 简易模型

干个"简单的任务"来并行处理，但前提是这些任务没有必然的依赖关系，可以单独执行。Reduce 阶段负责将任务合并，用于对 Map 阶段的结果进行全局汇总，得到最终结果。MapReduce 的简易模型如图 4-1 所示。

从图 4-1 可知，MapReduce 就是"任务的分解与结果的汇总"。即使用户不懂分布式计算框架的内部运行机制，但是只要能用 Map 和 Reduce 思想描述清楚要处理的问题，就能轻松地在 Hadoop 集群上实现分布式计算功能。

MapReduce 的实现过程是通过 map( )和 reduce( )函数来完成的。从数据格式上来看，map( )函数接收的数据格式是键值对，产生的输出结果也是键值对的形式，reduce( )函数会将 map( )函数输出的键值对作为输入，把相同 key 值的 value 进行汇总，输出新的键值对。MapReduce 的简易数据流模型如图 4-2 所示。

图 4-2　MapReduce 简易数据流模型

对于图 4-2 描述的 Map 简易数据流模型说明如下。

首先，将原始数据处理成键值对<K1,V1>形式。

然后，将解析后的键值对<K1,V1>传给 map()函数，map()函数会根据映射规则，将键值对<K1,V1>映射为中间形式的键值对<K2,V2>。

最后，将中间形式的键值对<K2,V2>形成<K2,{V2, …}>形式传给 reduce( )函数处理，把具有相同 key 的 value 合并在一起，产生新的键值对<K3,V3>，此时的键值对<K3,V3>就是最终输出的结果。

这里要特殊说明的是，对于某些任务来说，可能不一定需要 Reduce 过程，也就是说，MapReduce 的数据流模型可能只有 Map 过程，由 Map 产生的数据直接被写入 HDFS 中。但是，对于大多数任务来说，都是需要 Reduce 过程的，并且可能由于任务繁重，需要设定多个 Reduce。图 4-3 所示是一个具有多个 Map 和 Reduce 的 MapReduce 模型。

图 4-3　MapReduce 简易数据流模型

图 4-3 演示的是含有 3 个 Map 和 2 个 Reduce 的 MapReduce 模型，Map 产生的相关 key 的输出都会传递到 Reduce 中处理，而 Reduce 是最后的处理过程，其结果不会进行第二次汇总。

MapReduce 编程模型开发简单且功能强大，专门为并行处理大规模数据而设计。

MapReduce 的工作流程大致可以分为 5 步，具体如下。

1）分片、格式化数据源

Map 阶段接收的数据源，必须经过分片和格式化操作。

① 分片操作指的是将源文件划分为大小相等的小数据块（Hadoop 2.x 中默认为 128MB），也就是分片（split），Hadoop 会为每一个分片构建一个 Map 任务，并由该任务运行自定义的 map( )函数，从而处理分片里的每一条记录。

② 格式化操作是指将划分好的分片（split）格式化为键值对<key, value>形式，其中，key 代表偏移量，value 代表每一行内容。

2）执行 MapTask

每个 Map 任务都有一个内存缓冲区（缓冲区大小 100MB），输入的分片（split）数据经过 Map 任务处理后的中间结果会写入内存缓冲区中。如果写入的数据达到内存缓冲区的阈值（80MB），会启动一个线程将内存中的溢出数据写入磁盘，同时不影响 Map 中间结果继续写入缓冲区。在溢出数据写入磁盘过程中，MapReduce 框架也会将溢出数据全部写入磁盘，在磁盘中形成一个文件，如果溢出数据形成了多个文件，则最后会将多个文件合并为一个文件。

3）执行 Shuffle 过程

MapReduce 工作过程中，Map 阶段处理的数据如何传递给 Reduce 阶段，这是 MapReduce 框架中关键的一个过程，这个过程叫作 Shuffle。Shuffle 会将 MapTask 输出的处理结果分发给 ReduceTask，并在分发的过程中，对数据按 key 进行分区和排序。

4）执行 ReduceTask

输入 ReduceTask 的数据流是<key, {value list}>形式，用户可以自定义 reduce( )方法进行逻辑处理，最终以<key, value>的形式输出。

5）写入文件

MapReduce 框架会自动把 ReduceTask 生成的<key,value>传入 OutputFormat 的 write 方法，实现文件的写入操作。

4.1.3 MapTask 执行过程

MapTask 作为 MapReduce 工作流程的前半部分，它主要经历了 5 个阶段，分别是 Read 阶段、Map 阶段、Collect 阶段、Spill 阶段和 Combine 阶段，如图 4-4 所示。

图 4-4　MapTask 工作原理

4.1.3.1 Read 阶段

读取文件调用的是 Inputformat 方法，读入一行数据，返回一个键值对，键表示行号的偏移量，值表示读取一行的内容。

4.1.3.2 Map 阶段

将 Read 阶段解析出的键值对交给用户编写的 map() 函数处理，并产生一系列新的键值对。

4.1.3.3 Collect 阶段

Map 任务在处理完一个键值对以后，就会进行分区、排序等操作。通过调用 partitioner 将生成的键值对进行分片，并将分片的数据写入一个环形内存缓冲区中。

4.1.3.4 Spill 阶段

当环形缓冲区数据达到阈值后，MapReduce 会将数据写到本地磁盘上，生成一个临时文件。需要注意的是，将数据写入本地磁盘前，先要对数据进行一次本地排序，并在必要时对数据进行合并、压缩等操作。

4.1.3.5 Combine 阶段

当所有数据处理完成以后，MapTask 会对所有临时文件进行一次合并，以确保最终只会生成一个数据文件。

4.1.4 Reduce 执行过程

Reduce 阶段由一定数量的 ReduceTask 组成，而 ReduceTask 工作过程主要经历了 5 个阶段，分别是 Copy 阶段、Merge 阶段、Sort 阶段、Reduce 阶段和 Write 阶段。ReduceTask 的工作原理如图 4-5 所示。

图 4-5 ReduceTask 工作原理

4.1.4.1 Copy 阶段

Reduce 会从各个 MapTask 上远程复制数据,如果复制的数据大小超过一定阈值,则将数据写到磁盘上,否则直接放到内存中。

4.1.4.2 Merge 阶段

在远程复制数据的同时,ReduceTask 会启动两个后台线程,分别对内存和磁盘上的文件进行合并,以防止内存使用过多或者磁盘文件过多。

4.1.4.3 Sort 阶段

用户编写的 reduce( )方法接收的是根据 key 进行分组的数据。为了将 key 相同的数据进行分组,MapReduce 模型采用了基于排序的策略。每个 MapTask 已经实现了对自己的处理结果进行局部排序,因此,ReduceTask 只需对所有数据进行一次归并排序即可。

4.1.4.4 Reduce 阶段

将每组数据依次交给用户编写的 Reduce 方法处理。

4.1.4.5 Write 阶段

使用 reduce()函数将计算结果写到 HDFS 中。

4.1.5 Shuffle 执行过程

Shuffle 又叫"洗牌",它是 MapReduce 的核心,用来确保每个 Reducer 的输入都是按照键排序的。它的性能高低直接决定了整个 MapReduce 程序的性能高低。Shuffle 的工作过程如图 4-6 所示。

图 4-6 Shuffle 工作过程

Map 和 Reduce 阶段都涉及了 Shuffle 机制,下面针对 Map 和 Reduce 阶段的 Shuffle 机制

分别进行分析。

4.1.5.1 Map 阶段

① MapTask 处理的结果会暂时放入一个内存缓冲区中（默认大小为 100MB），当缓冲区的数据达到阀值（默认达到缓冲区大小的 80%），会在本地文件系统创建一个文件保存溢出数据。

② 溢出的数据写入磁盘之前，线程会根据 ReduceTask 的数量进行数据分区，一个 Reduce 任务对应一个分区的数据。这样做的目的是为了避免有些 Reduce 任务分配到大量数据，而有些 Reduce 任务分配到很少的数据，甚至没有分到数据的尴尬局面，也就是所说的"数据倾斜"。

③ 分完数据以后，会对每个分区的数据进行排序，如果此时设置了 Combiner，将排序后的结果进行 Combiner 操作，这样做的目的是尽可能少地执行数据写入磁盘的操作。

④ 当 Map 任务输出最后一个记录时，可能有很多数据溢出的文件，这时需要将这些文件合并，合并的过程中会不断地进行排序和 Combiner 操作，其目的有两个：一是尽量减少每次写入磁盘的数据量；二是尽量减少下一复制阶段网络传输的数据量。最后合并成了一个已分区且已排序的文件。

⑤ 将分区中的数据复制给对应的 Reduce 任务。

4.1.5.2 Reduce 阶段

① Reduce 会接收到不同 Map 任务传来的数据，并且每个 Map 传来的数据都是有序的。如果 Reduce 阶段接收到的数据量相当少，则直接存储在内存中，如果数据量超过了该缓冲区大小的一定比例，则把数据合并后写到磁盘中。

② 随着溢写文件的增多，后台线程会将它们合并成一个更大的有序的文件，这样做是为了给后面的合并节省时间。

③ 合并的过程中会产生许多的中间文件并写入磁盘，但 MapReduce 会让写入磁盘的数据尽可能地少，并且最后一次合并的结果并没有写入磁盘，而是直接输入到 Reduce 函数。

4.2 MapReduce 程序编写

4.2.1 开发工具 IDEA 的安装

IDEA 全称 IntelliJ IDEA，在业界被公认为是最好的 Java 开发工具，在智能代码助手、代码自动提示、重构、JavaEE 支持、各类版本工具、JUnit、CVS 整合、代码分析、创新的 GUI 设计等方面，功能可以说是超常的。IDEA 是 JetBrains 公司的产品，它的旗舰版本还支持 HTML、CSS、PHP、MySQL、Python 等，免费版只支持 Java、Kotlin 等少数语言。

① 访问 IDEA 的官网，单击"DOWNLOAD"按钮下载 IntelliJ IDEA，如图 4-7 所示。

② 可以选择不同操作系统对应的下载包，本书采用的是 Windows10 64 位系统，选择好操作系统，然后选择要下载的 IDEA 版本，有企业版和开源版两种，用户根据自己的需求下载相应的版本。见图 4-8。

图 4-7　官网下载 IDEA

图 4-8　IDEA 下载

③ Windows 版本安装比较简单，找到下载好的 exe 可执行文件，然后双击打开，可以看到 IDEA 安装向导，如图 4-9 所示。

④ 单击"Next"按钮，可以自定义安装路径，如图 4-10 所示。

⑤ 单击"Next"按钮，选择自己操作系统的位数，并设置安装插件类型。如图 4-11 所示。

⑥ 继续单击"Next"按钮，进入安装界面。如图 4-12 所示。

图 4-9　IDEA 安装向导

图 4-10　设置安装路径

图 4-11　选择操作系统位数和插件类型

图 4-12　IDEA 安装界面

⑦ 单击"Install"按钮，然后耐心等待安装完成即可，如图 4-13 所示。

⑧ 经过一段时间等待，IDEA 安装完成，单击"Finish"按钮，如图 4-14 所示。

图 4-13　IDEA 的安装

图 4-14　IDEA 安装完成

⑨ 可以通过菜单或者快捷方式运行软件，运行界面如图 4-15 所示。

关于软件的激活方法也有很多，在这里就不赘述了，大家可以自行搜索查阅相关的信息和资料。

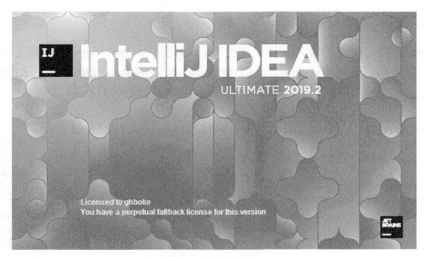

图 4-15 运行 IDEA

4.2.2 MapReduce 输入/输出类型

Hadoop 中的 MapReduce 编程模型非常简单，只需要定义好 map 和 reduce 函数的输入和输出键值对的类型即可。MapReduce 中的 map 和 reduce 函数需要遵循如下的格式：

```
map(K1,V1) → list(K2,V2)
reduce(K2,list(V2)) → list(K3,V3)
```

从这个需要遵循的格式可以看出，reduce 函数的输入类型必须与 map 函数的输出类型一致。

MapReduce 中常用到如下设置。

1）设置输入数据类型

输入数据类型由 InputFormat 接口决定。例如，TextInputFormat 以行偏移量为 key，以每行的字符为 value。KeyValueTextInputFormat 根据分割符来切分行，分割符前为 key，分割符后为 value。

2）设置 map 输出类型

map 输出 Key 的类型通过 setMapOutputKeyClass 设置，Value 的类型通过 setMapOutputValueClass 设置。

3）设置 reduce 输出类型

reduce 输出 Key 的类型通过 setOutputKeyClass 设置，Value 类型通过 setOutputValueClass 设置。

4.2.3 MapReduce 输入处理类

MapReduce 处理的数据文件，一般情况下输入文件是存储在 HDFS 上的，这些文件的格式是任意的，可以使用基于行的日志文件，也可以使用二进制格式、多行输入记录或者其他一些格式。这些文件一般会很大，达到数十 GB，甚至更大。

4.2.3.1 InputFomat 接口

InputFormat 接口决定了输入文件如何被 Hadoop 分块。InputFormat 能够从一个 job 中得到一个 split 集合，然后再为这个 split 集合配上一个合适的 RecordReader（getRecordReader）来读取每个 split 中的数据。下面来看看 InputForm 接口的成员方法：

```
public abstract class InputFormat<K, V> {
  public abstract
    List<InputSplit> getSplits(JobContext context
                              )throws IOException, InterruptedException;
  public abstract
    RecordReader<K,V> createRecordReader(InputSplit split,
                                         TaskAttemptContext context
                                        ) throws IOException,
                                                 InterruptedException;
}
```

方法说明：

① getSplits(JobContext context)方法负责将一个大数据在逻辑上分成许多片。例如数据表有 100 条数据，按照主键 ID 升序存储，假设每 25 条分成一片，这个 List 大小就是 4，然后每个 InputSplit 记录两个参数，第一个参数是这个分片的起始 ID，第二个是这个分片数据的大小，如 25。很明显 InputSplit 并没有真正存储数据，只是提供了一个如何将数据分片的方法。

② createRecordReader(InputSplit, TaskAttemptContext context)方法根据 InputSplit 定义的方法，返回一个能够读取分片记录的 RecordReader。getSplits 用来获取由输入文件计算出来的 InputSplit，而 createRecordReader()提供了 RecordReader 的实现，将 Key/Value 对从 InputSplit 中正确读出，如 LineRecordReader，它以 Key 为偏移量，Value 为每行数据，使得所有 createRecordReader()返回 LineRecordReader 的 InputFormat 都是以偏移量为 Key、每行数据为 Value 的形式读取输入分片的。

4.2.3.2 InputFormat 接口实现类

InputFormat 接口实现类有很多，具体层次结构如图 4-16 所示。

图 4-16 InputFomat 接口实现类层次结构

下面对常用的 InputFormat 实现类简要介绍。

1）FileInputFormat

FileInputFormat 是所有使用文件作为数据源的 InputFormat 实现的基类，主要作用是指出作业的输入文件位置。因为作业的输入被设定为一组路径，这对指定作业输入提供了很强的灵活性。FileInputFormat 提供了 4 种静态方法来设定作业的输入路径：

```
public static void addInputPath(Job job, Path path);
public static void addInputPaths(Job job, String commaSeparatedPaths);
public static void setInputPaths(Job job, Path… inputPaths);
public static void setInputPaths(Job job, String commaSeparatedPaths);
```

2）KeyValueTextInputFormat

每一行均为一条记录，被分隔符（默认是 tab 键）分割为 key（Text）/value（Text），可以通过 mapreduce.input.keyvaluelinerecordreader.key.value.separator 属性（或者旧版本 API 中的 key.value.separator.in.input.line）来设定分隔符。

4.2.4 MapReduce 输出处理类

针对前面介绍的输入格式，Hadoop 都有相对应的输出格式。默认情况下只有一个 Reduce，即输出只有一个文件，文件名为 part-r-0000。输出文件的个数与 Reduce 的个数一致，如果有两个 Reduce，输出结果就有两个文件，第一个为 part-r-0000，第二个为 part-r-0001，依此类推。

4.2.4.1 OutputFormat 接口

OutputFormat 主要用于描述输出数据的格式，它能够将用户提供的 key/value 对写入特定格式的文件中。通过 OutputFormat 接口，也可以实现具体的输出格式，但过程有些复杂，也没有必要。Hadoop 自带了很多 OutputFormat 接口的实现类，它们与 InputFormat 接口的实现类相对应，足以满足日常的业务需要。

4.2.4.2 OutputFormat 接口实现类

OutputFormat 接口实现类有很多，具体层次结构如图 4-17 所示。

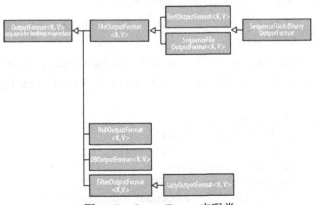

图 4-17　OutputFomat 实现类

OutputFormat 是 MapReduce 输出的基类，常用的 OutputFormat 实现类介绍如下。

1）文本输出

默认的输出格式是 TextOutputFormat，它把每条记录写为文本行，利用它的键和值可以实现 Writable 的任意类型，因为 TextOutputFormat 调用 toString()方法把它们转换为字符串。每个键值对由制表符进行分割，当然也可以设定 mapreduce.output.textoutputformat.separator 属性（旧版本 API 中为 mapred.textoutputformat.separator）来改变默认的分隔符。与 FileOutputFormat 对应的输入格式是 KeyValueTextInputFormat，它通过可配置的分隔符将文本分割成 key/value。

可以使用 NullWritable 来省略输出的 key 或 value（或两者都省略），相当于 NullOutputFormat 输出格式，这会导致无分隔符输出，使得输出只适合用 TextInputFormat 读取。

2）二进制输出

SequenceFileOutputFormat 将输出内容写入一个顺序文件。如果输出需要作为后续 MapReduce 任务的输入，这将是一种好的输出格式，因为其格式紧凑，很容易被压缩。

4.2.5 入门案例——WordCount

WordCount（词频统计）是 MapReduce 编程的一个典型案例，下面以它为例来学习 MapReduce 编程开发。

假设有文件 word.txt，内容如下：

```
hello world
hello java
hello hadoop
hello mapreduce
spark scala
```

要统计 word.txt 中各个单词出现的次数，输出到结果文件中。首先，MapReduce 通过默认组件 TextInputFormat 将数据文件（如 word.txt）的每一行数据转变为<key, value>键值对的形式，其中 key 为偏移量，value 为该行数据内容；其次，调用 map()方法，将单词进行切割并进行计数，输出键值对作为 Reduce 阶段的输入键值对；最后，调用 reduce()方法将单词汇总、排序，通过 TextOutputFormat 组件输出到结果文件中。

4.2.5.1 Mapper 阶段实现

打开开发工具，新建 Maven 项目，命名为 HadoopDemo，新创建 package，命名为 cn.cvit.mr.WordCount，在该路径下编写自定义 Mapper 类 WordCountMapper.java，代码如下。

```java
import java.io.IOException;
import org.apache.hadoop.io.IntWritable;
import org.apache.hadoop.io.LongWritable;
import org.apache.hadoop.io.Text;
import org.apache.hadoop.mapreduce.Mapper;
public class WordCountMapper extends Mapper<LongWritable, Text, Text,
IntWritable> {
```

```java
        @Override
        protected void map(LongWritable key, Text value, Mapper<LongWritable,
Text, Text, IntWritable>.Context context)
                throws IOException, InterruptedException {
            // 拿到传入进来的一行内容,把数据类型转换为 String
            String line = value.toString();
            // 将这行内容按照分隔符切割
            String[] words = line.split(" ");
            // 遍历数组,每出现一个单词就标记一个数组 1 例如:<单词,1>
            for (String word : words) {
                // 使用 MR 上下文 context,把 Map 阶段处理的数据发送给 Reduce 阶段作为输入数据
                context.write(new Text(word), new IntWritable(1));
            }
        }
    }
```

MapReduce 程序 Map 阶段业务逻辑实现的类 Mapper<KEYIN, VALUEIN, KEYOUT, VALUEOUT>说明如下:

➢ KEYIN:表示 Mapper 数据输入时 key 的数据类型,默认读取数据组件时叫作 ImportFormat,它的行为是以行为单位读取待处理的数据,读取一行,就返回一行数据发送到 MR 程序,这种情况下 KEYIN 就表示每一行的起始偏移,因此数据类型是 Long。

➢ VALUEIN:表示 Mapper 数据输入的时候 Value 的数据类型,在默认读取数据组件中 VALUEIN 就表示读取的一行内容,因此数据类型是 String。

➢ KEYOUT:表示 Mapper 阶段数据输出的时候 key 的数据类型,在本案例中输出的 key 是单词,因此数据类型是 String。

➢ VALUEOUT:表示 Mapper 阶段数据输出的时候 value 的数据类型,在本案例中输出的 value 是单词出现的次数,因此数据类型是 Integer。

这里所说的数据类型 String、Long 都是 JDK 的自带的类型,数据在分布式系统中跨网络传输就需要将数据序列化,默认 JDK 序列化方式效率低下,因此使用 Hadoop 封装的序列化类型。例如:Long 对应 LongWritable,String 对应 Text,Integer 对应 IntWritable 等等。

4.2.5.2 Reduce 阶段实现

根据 Map 阶段的输出结果形式,在 cn.cvit.mr.WordCount 包下自定义 Reducer 类,命名为 WordCountReducer.java。代码如下。

```java
    import java.io.IOException;
    import org.apache.hadoop.io.IntWritable;
    import org.apache.hadoop.io.Text;
    import org.apache.hadoop.mapreduce.Reducer;
    public class WordCountReducer extends Reducer<Text, IntWritable, Text,
IntWritable> {
        @Override
        protected void reduce(Text key, Iterable<IntWritable> value,
                Reducer<Text, IntWritable, Text, IntWritable>.Context
```

```
context) throws IOException, InterruptedException {
    // 定义一个计数器
    int count = 0;
    // 遍历一组迭代器,把每一个数量1累加起来就构成了单词的总次数
    for (IntWritable iw : value) {
        count += iw.get();
    }
    context.write(key, new IntWritable(count));
}
```

MapReduce 程序 reducer 阶段处理的类,WordCountReducer<KEYIN,VALUEIN,KEYOUT,VALUEOUT>说明如下:

➢ KEYIN:就是 Reducer 阶段输入的数据 key 类型,对应 Mapper 阶段 KEYOUT,在本案例中就是单词。

➢ VALUEIN:就是 Reducer 阶段输入的数据 value 类型,对应 Mapper 阶段 VALUEOUT,在本案例中就是单词个数。

➢ KEYOUT:就是 Reducer 阶段输出的数据 key 类型,在本案例中,就是单词。

➢ VALUEOUT:reducer 阶段输出的数据 value 类型,在本案例中,就是单词的总次数。

4.2.5.3 Driver 程序主类实现

编写 MapReduce 程序运行主类 WordCountDriver.java,代码如下。

```java
import org.apache.hadoop.conf.Configuration;
import org.apache.hadoop.fs.Path;
import org.apache.hadoop.io.IntWritable;
import org.apache.hadoop.io.Text;
import org.apache.hadoop.mapreduce.Job;
import org.apache.hadoop.mapreduce.lib.input.FileInputFormat;
import org.apache.hadoop.mapreduce.lib.output.FileOutputFormat;
/**
 * Driver 类就是 MR 程序运行的主类,本类中组装了一些程序运行时所需要的信息
 * 比如:使用的 Mapper 类是什么,Reducer 类,数据在什么地方,输出在哪里
 */
public class WordCountDriver {
    public static void main(String[] args) throws Exception {
        // 通过 Job 来封装本次 MR 的相关信息
        Configuration conf = new Configuration();
        conf.set("mapreduce.framework.name", "local");
        Job wcjob = Job.getInstance(conf);
        // 指定 MR Job jar 包运行主类
        wcjob.setJarByClass(WordCountDriver.class);
        // 指定本次 MR 所有的 Mapper Reducer 类
        wcjob.setMapperClass(WordCountMapper.class);
        wcjob.setReducerClass(WordCountReducer.class);
        // 设置业务逻辑 Mapper 类的输出 key 和 value 的数据类型
        wcjob.setMapOutputKeyClass(Text.class);
```

```
        wcjob.setMapOutputValueClass(IntWritable.class);
        // 设置业务逻辑 Reducer 类的输出 key 和 value 的数据类型
        wcjob.setOutputKeyClass(Text.class);
        wcjob.setOutputValueClass(IntWritable.class);
        // 指定要处理的数据所在的位置
        FileInputFormat.setInputPaths(wcjob, "C:/mr/input");
        // 指定处理完成之后的结果所保存的位置
        FileOutputFormat.setOutputPath(wcjob,new Path("C:/mr/output"));
        // 提交程序并且监控打印程序执行情况
        boolean res = wcjob.waitForCompletion(true);
        System.exit(res ? 0 : 1);
    }
}
```

4.2.5.4 任务执行

为了保证 MapReduce 程序正常执行，需要在本地 C:/mr/input 目录下创建文件 word.txt。文件内容如下。

```
hello world
hello java
hello hadoop
hello mapreduce
spark scala
```

然后执行 MapReduce 程序的 WordCountDriver 类，正常执行完成之后，会在指定的目录下（程序中为 C:/mr/output）下生成结果文件，如图 4-18 所示。

从图 4-18 可以看出，通过 Hadoop 的 MapReduce 程序统计出了源文件中的各单词数目，达到了案例的需求，实现了词频统计的功能。

图 4-18 词频统计结果

4.3 统计网站最大访问次数

4.3.1 实体类

首先，编写统计网站最大访问次数 POJO 类，代码如下。

```
public class Web implements Comparable<Web> {
    private int num;
    private String www;
```

```
        public Web() {
        }

        public Web(int num, String www) {
            this.num = num;
            this.www = www;
        }

        public int getNum() {
            return num;
        }

        public void setNum(int num) {
            this.num = num;
        }

        public String getWww() {
            return www;
        }

        public void setWww(String www) {
            this.www = www;
        }

        @Override
        public int compareTo(Web o) {
            return  o.getNum() -this.num ;
        }
    }
```

4.3.2 Mapper 类

在 POJO 类的相同路径下编写自定义 Mapper 类，代码如下。

```
    import java.io.IOException;
    import java.util.TreeMap;
    import org.apache.hadoop.io.IntWritable;
    import org.apache.hadoop.io.LongWritable;
    import org.apache.hadoop.io.NullWritable;
    import org.apache.hadoop.io.Text;
    import org.apache.hadoop.mapreduce.Mapper;
    public class WebMapper extends  Mapper<LongWritable,Text,Text,LongWritable> {
        @Override
        protected void map(LongWritable key, Text value, Context context) throws IOException, InterruptedException {
            String s = value.toString();
            String[] s1 = s.split("\t");
            String www = s1[1];
```

```
            context.write(new Text(www),new LongWritable(1));
        }
    }
```

4.3.3 Reducer 类

根据 Map 阶段的输出结果形式自定义 Reducer 类，代码如下。

```
import java.io.IOException;
import java.util.ArrayList;
import java.util.Collections;
import java.util.Comparator;
import java.util.List;
import java.util.TreeMap;

import org.apache.hadoop.conf.Configuration;
import org.apache.hadoop.io.IntWritable;
import org.apache.hadoop.io.LongWritable;
import org.apache.hadoop.io.NullWritable;
import org.apache.hadoop.io.Text;
import org.apache.hadoop.mapreduce.Reducer;
public class WebReducer extends Reducer<Text, LongWritable,Text,LongWritable> {

        List<Web> list = new ArrayList<Web>();

        @Override
        protected void reduce(Text key, Iterable<LongWritable> values, Context context) throws IOException, InterruptedException {
            int a = 0;

            for (LongWritable value : values) {
                a += value.get();
            }
            Web user = new Web(a,key.toString());
            list.add(user);
        }

        @Override
        protected void cleanup(Context context) throws IOException, InterruptedException {
            Configuration cof = context.getConfiguration();
            int a = cof.getInt("top",3);

            Collections.sort(list);
            int num = 0;

            for (Web user : list) {
                context.write(new Text(user.getWww()),new LongWritable (user.
```

```
            getNum()));
                num++;
                if(num==a){
                    return;
                }
            }
        }
    }
```

4.3.4 项目驱动类

编写 MapReduce 项目驱动类,代码如下。

```
    import java.io.File;
    import java.io.IOException;
    import org.apache.hadoop.conf.Configuration;
    import org.apache.hadoop.fs.FileSystem;
    import org.apache.hadoop.fs.FileUtil;
    import org.apache.hadoop.fs.Path;
    import org.apache.hadoop.io.LongWritable;
    import org.apache.hadoop.io.Text;
    import org.apache.hadoop.mapreduce.Job;
    import org.apache.hadoop.mapreduce.lib.input.FileInputFormat;
    import org.apache.hadoop.mapreduce.lib.output.FileOutputFormat;

    public class WebRunner {
        public static void main(String[] args) throws IOException, ClassNotFoundException, InterruptedException {

            Configuration configuration = new Configuration();
            Job job = Job.getInstance(configuration);

            job.setJarByClass(WebRunner.class);
            job.setMapperClass(WebMapper.class);
            job.setReducerClass(WebReducer.class);

            job.setMapOutputKeyClass(Text.class);
            job.setMapOutputValueClass(LongWritable.class);

            job.setOutputKeyClass(Text.class);
            job.setOutputValueClass(LongWritable.class);

            Configuration conf = new Configuration();
            Path outfile = new Path("D:\\outfile2");
            FileSystem fs = outfile.getFileSystem(conf);
            if(fs.exists(outfile)){
                fs.delete(outfile,true);
            }
```

```
            FileInputFormat.addInputPath(job, new Path("d:\\inputweb\\web.dat"));
            FileOutputFormat.setOutputPath(job, outfile);

            job.waitForCompletion(true);
            System.out.println(job.isSuccessful()?0:1);
        }
    }
```

课后练习

一、填空题

1. 在 MapReduce 中，_____ 阶段负责将任务分解，_____ 阶段将任务合并。
2. ReduceTask 工作过程主要经历了 5 个阶段，分别是 _____ 阶段、_____ 阶段、_____ 阶段、_____ 阶段和 _____ 阶段。
3. _____ 又叫"洗牌"，它是 MapReduce 的核心，用来确保每个 Reducer 的输入都是按键排序的。

二、判断题

1. MapReduce 借鉴了函数式程序设计语言的设计思想，其程序实现过程是通过 map() 和 reduce() 函数来完成的。（   ）
2. MapReduce 作为分布式文件存储系统，是 Hadoop 系统核心组件之一。（   ）
3. MapTask 处理的结果会暂时放入一个内存缓冲区中，默认大小为 100MB。（   ）

三、单选题

1. 关于 MapReduce 模型中 Map 函数与 Reduce 函数的描述正确的是（   ）
   A. 一个 Map 函数就是对一部分原始数据进行指定的操作
   B. 一个 Map 操作就是对每个 Reduce 所产生的一部分中间结果进行合并操作
   C. Map 与 Map 之间不是相互独立的
   D. Reducee 与 Reduce 之间不是相互独立的
2. MapReduce 适用于（   ）。
   A. 任意应用程序
   B. 任意可以在 Windows Server 2008 上运行的应用程序
   C. 可以串行处理的应用程序
   D. 可以并行处理的应用程序
3. （   ）方法负责将一个大数据在逻辑上分成许多片。
   A. map()   B. getSplits()
   C. createRecordReader()   D. reduce()

四、简答题

1. MapReduce 的核心思想是什么？
2. 简述 MapReduce 的执行过程。

第5章 MapReduce 高级编程

学习目标

- 了解 MapReduce 合并编程
- 了解 MapReduce 分区编程
- 理解 MapReduce 连接操作
- 掌握 MapReduce 排序操作
- 掌握使用 MapReduce 实现二次排序的方法

 思维导图

MapReduce 在 Shuffle 阶段会自动进行排序，且这种自动排序是根据 key 值的顺序来进行。在实际开发中，也可以先按照 key 值进行排序，如果 key 值相同，再按照 value 值进行排序，把这种排序方式称为二次排序。

5.1 MapReduce 高级开发一

使用 MapReduce 程序来实现二次排序功能，需要借助 MapReduce 提供的一些编程组件来实现。

5.1.1 Combiner 编程

通过前面的学习知道，Hadoop 使用 Mapper 将数据处理成一个<key,value>键值对，再在网络节点间对其进行整理（Shuffle），然后使用 Reducer 处理数据并进行最终输出。在实际开发中，如果数据量非常大，可以在每个节点上先做一次局部汇总的操作，以减轻 Reduce 阶段的压力，这就是 Combiner 操作。

假设用户有 100 亿条数据，Mapper 会生成 100 亿个 key/value 对在网络间进行传输，但如果只是对数据求最大值，那么很明显，Mapper 只需要输出它所知道的最大值即可。这样做不仅减轻网络压力，也可以大幅度地提高程序效率。

在 MapReduce 框架中，Combiner 就是为了避免 Map 任务和 Reduce 任务之间的无效数据传输而设置的。Hadoop 允许用户针对 Map 任务的输出指定一个合并函数，减少传输到 Reduce 中的数据量。Combiner 主要是为了消减 Mapper 的输出数量，从而减少网络带宽和 Reducer 的负载。

可以把 Combiner 操作看成是在每个单独的节点上先做一次 Reducer 操作，其输入及输出的参数和 Reducer 是一样的。以 WordCount 为例，可以在 Map 输出之后添加一步 Combiner 的操作，先进行一次聚合，再由 Reducer 来处理，进而使得传输数据减少，提高执行效率。

如果想要自定义 Combiner，需要继承 Reducer 类，并且重写 reduce()方法。具体代码如下。

```java
import org.apache.hadoop.conf.Configuration;
import org.apache.hadoop.fs.Path;
import org.apache.hadoop.io.IntWritable;
import org.apache.hadoop.io.Text;
import org.apache.hadoop.mapreduce.Job;
import org.apache.hadoop.mapreduce.Mapper;
import org.apache.hadoop.mapreduce.Reducer;
import org.apache.hadoop.mapreduce.lib.input.FileInputFormat;
import org.apache.hadoop.mapreduce.lib.output.FileOutputFormat;

import java.io.IOException;
import java.util.StringTokenizer;

/**
 * WordCount 中使用 Combiner
 */
public class WordCountCombinerApp {
    public static class TokenizerMapper
            extends Mapper<Object, Text, Text, IntWritable>{

        private final static IntWritable one = new IntWritable(1);
        private Text word = new Text();

        public void map(Object key, Text value, Mapper.Context context
        ) throws IOException, InterruptedException {
            StringTokenizer itr = new StringTokenizer(value.toString());
            while (itr.hasMoreTokens()) {
                word.set(itr.nextToken());
```

```java
            context.write(word, one);
        }
    }
}
public static class IntSumReducer
        extends Reducer<Text,IntWritable,Text,IntWritable> {
    private IntWritable result = new IntWritable();

    public void reduce(Text key, Iterable<IntWritable> values,
                       Context context
    ) throws IOException, InterruptedException {
        int sum = 0;
        for (IntWritable val : values) {
            sum += val.get();
        }
        result.set(sum);
        context.write(key, result);
    }
}
```

5.1.2 Partitioner 编程

在进行 MapReduce 计算时,有时候需要把最终的输出数据分到不同的文件中,比如按照班级划分的情况,需要把不同班级的数据放到不同文件中;按照成绩划分的情况,需要把不同科目的数据放到不同文件中。最终的输出数据来自 Reducer 任务,如果要得到多个文件,就意味着有同样数量的 Reducer 任务在运行。Reducer 任务的数据来自 Mapper 任务,也就是说 Mapper 任务要划分数据,把不同的数据分配给不同的 Reducer 任务运行。Mapper 任务划分数据的过程称作 Partition,负责划分数据的类称作 Partitioner 类。

MapReduce 默认的 Partitioner 是 HashPartitioner。通常 Partitioner 先计算 key 的散列值,然后通过 Reducer 个数执行取模运算,即 key.hashCode%(reducer 个数)。这种方式不仅能够随机地将整个 key 空间平均分配给每个 Reducer,同时也能确保不同 Mapper 产生的相同 key 能被分配到同一个 Reducer。

如果想要定义一个 Partitioner 组件,需要继承 Partitioner 类,并重写 getPartition( )方法。在重写 getPartition( )方法时,通常的做法是使用 hash 函数对文件数量进行分区,即通过 hash 操作,获得一个非负整数的 hash 码,然后用当前作业的 reduce 节点数进行取模运算,从而实现数据均匀分布在 ReduceTask 的目的。

下面以手机销售情况为例来说明如何进行 Partitioner 编程。案例要求分别统计每种类型手机的销售情况,每种类型手机的统计数据单独存放在一个结果中。代码如下。

```java
import org.apache.hadoop.conf.Configuration;
import org.apache.hadoop.fs.FileSystem;
import org.apache.hadoop.fs.Path;
import org.apache.hadoop.io.IntWritable;
import org.apache.hadoop.io.LongWritable;
```

```java
import org.apache.hadoop.io.Text;
import org.apache.hadoop.mapreduce.Job;
import org.apache.hadoop.mapreduce.Mapper;
import org.apache.hadoop.mapreduce.Partitioner;
import org.apache.hadoop.mapreduce.Reducer;
import org.apache.hadoop.mapreduce.lib.input.FileInputFormat;
import org.apache.hadoop.mapreduce.lib.input.TextInputFormat;
import org.apache.hadoop.mapreduce.lib.output.FileOutputFormat;
import org.apache.hadoop.mapreduce.lib.output.TextOutputFormat;

import java.io.IOException;
import java.net.URI;

/**
 * 自定义 Partitoner 在 MapReduce 中的应用
 */
public class PartitionerApp {

    private static class MyMapper extends Mapper<LongWritable, Text, Text, IntWritable> {
        @Override
        protected void map(LongWritable key, Text value, Context context)
                throws IOException, InterruptedException {
            String[] s = value.toString().split("\t");
            context.write(new Text(s[0]), new IntWritable(Integer.parseInt(s[1])));
        }

    }

    private static class MyReducer extends Reducer<Text, IntWritable, Text, IntWritable> {

        @Override
        protected void reduce(Text key, Iterable<IntWritable> value, Context context)
                throws IOException, InterruptedException {
            int sum = 0;
            for (IntWritable val : value) {
                sum += val.get();
            }
            context.write(key, new IntWritable(sum));
        }

    }

    public static class MyPartitioner extends Partitioner<Text, IntWritable> {

        //转发给4个不同的 reducer
        @Override
        public int getPartition(Text key, IntWritable value, int numPartitions){
```

```java
            if (key.toString().equals("xiaomi"))
                return 0;
            if (key.toString().equals("huawei"))
                return 1;
            if (key.toString().equals("iphone7"))
                return 2;
            return 3;
        }
    }


    // driver
    public static void main(String[] args) throws Exception {

        String INPUT_PATH = "hdfs://hadoop000:8020/partitioner";
        String OUTPUT_PATH = "hdfs://hadoop000:8020/outputpartitioner";

        Configuration conf = new Configuration();
        final FileSystem fileSystem = FileSystem.get(new URI(INPUT_PATH), conf);
        if (fileSystem.exists(new Path(OUTPUT_PATH))) {
            fileSystem.delete(new Path(OUTPUT_PATH), true);
        }

        Job job = Job.getInstance(conf, "PartitionerApp");

        // run jar class
        job.setJarByClass(PartitionerApp.class);

        // 设置map
        job.setMapperClass(MyMapper.class);
        job.setMapOutputKeyClass(Text.class);
        job.setMapOutputValueClass(IntWritable.class);

        // 设置reduce
        job.setReducerClass(MyReducer.class);
        job.setOutputKeyClass(Text.class);
        job.setOutputValueClass(IntWritable.class);

        //设置Partitioner
        job.setPartitionerClass(MyPartitioner.class);
        //设置4个reducer,每个分区一个
        job.setNumReduceTasks(4);


        // input formart
        job.setInputFormatClass(TextInputFormat.class);
        Path inputPath = new Path(INPUT_PATH);
        FileInputFormat.addInputPath(job, inputPath);
```

```
            // output format
            job.setOutputFormatClass(TextOutputFormat.class);
            Path outputPath = new Path(OUTPUT_PATH);
            FileOutputFormat.setOutputPath(job, outputPath);

            // 提交job
            System.exit(job.waitForCompletion(true) ? 0 : 1);
    }
}
```

5.1.3　RecordReader 编程

RecordReader 表示以某种方式从分片中读取一条记录，每读取一条记录都会调用一次 RecordReader 类。系统默认的 RecordReader 是 LineRecordReader，它是 TextInputFormat 对应的 RecordReader；而 SequenceFileInputFormat 对应的 RecordReader 是 SequenceFileRecordReader。LineRecordReader 以每行的偏移量作为读入 Map 的 Key，每行的内容作为读入 Map 的 Value。很多时候 Hadoop 内置的 RecordReader 并不能满足程序开发的需求，如读取记录的时候，希望 Map 读入的 Key 值不是偏移量而是行号或者文件名，此时需要自定义 RecordReader。

自定义 RecordReader 的实现步骤如下。

① 继承抽象类 RecordReader，实现 RecordReader 的一个实例。

② 实现自定义 InputFormat 类，重写 InputFormat 中的 CreateRecordReader()方法，返回值是自定义的 RecordReader 实例。

③ 配置 job.setInputFormatClass()为自定义的 InputFormat 实例。

下面以具体案例说明如何进行 RecordReader 编程，此案例是统计数据文件中的奇数行的和和偶数行的和。

```
import org.apache.hadoop.fs.FileSystem;
import org.apache.hadoop.fs.Path;
import org.apache.hadoop.io.LongWritable;
import org.apache.hadoop.io.Text;
import org.apache.hadoop.mapreduce.InputSplit;
import org.apache.hadoop.mapreduce.RecordReader;
import org.apache.hadoop.mapreduce.TaskAttemptContext;
import org.apache.hadoop.mapreduce.lib.input.FileInputFormat;
import java.io.IOException;

/**
 * 自定义 InputFormat
 */
public class MyInputFormat extends FileInputFormat<LongWritable, Text> {

    @Override
    public RecordReader<LongWritable, Text> createRecordReader(InputSplit
```

```java
split, TaskAttemptContext context) throws IOException, InterruptedException {
        //返回自定义的RecordReader
        return new RecordReaderApp.MyRecordReader();
    }

    /**
     * 为了使得切分数据的时候行号不发生错乱,这里设置为不进行切分
     */
    protected boolean isSplitable(FileSystem fs, Path filename) {
        return false;
    }
}
```

```java
import org.apache.hadoop.io.LongWritable;
import org.apache.hadoop.io.Text;
import org.apache.hadoop.mapreduce.Partitioner;

/**
 * 自定义Partitioner
 */
public class MyPartitioner extends Partitioner<LongWritable, Text> {

    @Override
    public int getPartition(LongWritable key, Text value, int numPartitions) {
        //偶数放到第二个分区进行计算
        if (key.get() % 2 == 0) {
            //将输入reduce中的key设置为1
            key.set(1);
            return 1;
        } else {//奇数放在第一个分区进行计算
            //将输入reduce中的key设置为0
            key.set(0);
            return 0;
        }
    }
}
```

```java
import org.apache.hadoop.conf.Configuration;
import org.apache.hadoop.fs.FSDataInputStream;
import org.apache.hadoop.fs.FileSystem;
import org.apache.hadoop.fs.Path;
import org.apache.hadoop.io.LongWritable;
import org.apache.hadoop.io.Text;
import org.apache.hadoop.mapreduce.*;
import org.apache.hadoop.mapreduce.lib.input.FileInputFormat;
import org.apache.hadoop.mapreduce.lib.input.FileSplit;
import org.apache.hadoop.mapreduce.lib.output.FileOutputFormat;
import org.apache.hadoop.mapreduce.lib.output.TextOutputFormat;
import org.apache.hadoop.util.LineReader;
```

```java
import java.io.IOException;
import java.net.URI;

/**
 * 自定义 RecordReader 在 MapReduce 中的使用
 */
public class RecordReaderApp {

    public static class MyRecordReader extends RecordReader<LongWritable, Text> {

        //起始位置(相对整个分片而言)
        private long start;

        //结束位置(相对整个分片而言)
        private long end;

        //当前位置
        private long pos;

        //文件输入流
        private FSDataInputStream fin = null;
        //key、value
        private LongWritable key = null;
        private Text value = null;
        //定义行阅读器(hadoop.util 包下的类)
        private LineReader reader = null;

        @Override
        public void initialize(InputSplit split, TaskAttemptContext context) throws IOException {

            //获取分片
            FileSplit fileSplit = (FileSplit) split;
            //获取起始位置
            start = fileSplit.getStart();
            //获取结束位置
            end = start + fileSplit.getLength();
            //创建配置
            Configuration conf = context.getConfiguration();
            //获取文件路径
            Path path = fileSplit.getPath();
            //根据路径获取文件系统
            FileSystem fileSystem = path.getFileSystem(conf);
            //打开文件输入流
            fin = fileSystem.open(path);
            //找到开始位置开始读取
            fin.seek(start);
            //创建阅读器
            reader = new LineReader(fin);
```

```java
            //将当期位置置为1
            pos = 1;
        }

        @Override
        public boolean nextKeyValue() throws IOException, InterruptedException {
            if (key == null) {
                key = new LongWritable();
            }
            key.set(pos);
            if (value == null) {
                value = new Text();
            }
            if (reader.readLine(value) == 0) {
                return false;
            }
            pos++;

            return true;
        }

        @Override
        public LongWritable getCurrentKey() throws IOException, InterruptedException {
            return key;
        }

        @Override
        public Text getCurrentValue() throws IOException, InterruptedException {
            return value;
        }

        @Override
        public float getProgress() throws IOException, InterruptedException {

            return 0;
        }

        @Override
        public void close() throws IOException {
            fin.close();

        }

    }
```

```java
        public static class MyMapper extends Mapper<LongWritable, Text, LongWritable, Text> {
            @Override
            protected void map(LongWritable key, Text value, Mapper<LongWritable, Text, LongWritable, Text>.Context context) throws IOException,
                    InterruptedException {
                // 直接将读取的记录写出去
                context.write(key, value);
            }
        }

        public static class MyReducer extends Reducer<LongWritable, Text, Text, LongWritable> {

            // 创建写出去的 key 和 value
            private Text outKey = new Text();
            private LongWritable outValue = new LongWritable();

            protected void reduce(LongWritable key, Iterable<Text> values, Reducer<LongWritable, Text, Text, LongWritable>.Context context) throws IOException,
                    InterruptedException {

                System.out.println("奇数行还是偶数行: " +key);

                // 定义求和的变量
                long sum = 0;
                // 遍历 value 求和
                for (Text val : values) {
                    // 累加
                    sum += Long.parseLong(val.toString());
                }

                // 判断奇偶数
                if (key.get() == 0) {
                    outKey.set("奇数之和为: ");
                } else {
                    outKey.set("偶数之和为: ");

                }
                // 设置 value
                outValue.set(sum);

                // 把结果写出去
                context.write(outKey, outValue);
            }
        }

        // driver
        public static void main(String[] args) throws Exception {
```

```java
            String INPUT_PATH = "hdfs://hadoop000:8020/recordreader";
            String OUTPUT_PATH = "hdfs://hadoop000:8020/outputrecordreader";

            Configuration conf = new Configuration();
            final FileSystem fileSystem = FileSystem.get(new URI(INPUT_PATH), conf);
            if (fileSystem.exists(new Path(OUTPUT_PATH))) {
                    fileSystem.delete(new Path(OUTPUT_PATH), true);
            }

            Job job = Job.getInstance(conf, "RecordReaderApp");

            // run jar class
            job.setJarByClass(RecordReaderApp.class);

            // 1.1 设置输入目录和设置输入数据格式化的类
            FileInputFormat.setInputPaths(job, INPUT_PATH);
            job.setInputFormatClass(MyInputFormat.class);

            // 1.2 设置自定义Mapper类和设置map函数输出数据的key和value的类型
            job.setMapperClass(MyMapper.class);
            job.setMapOutputKeyClass(LongWritable.class);
            job.setMapOutputValueClass(Text.class);

            // 1.3 设置分区和reduce数量(reduce的数量,和分区的数量对应,因为分区为一个,所以reduce的数量也是一个)
            job.setPartitionerClass(MyPartitioner.class);
            job.setNumReduceTasks(2);

            // 2.1 Shuffle把数据从Map端拷贝到Reduce端。
            // 2.2 指定Reducer类和输出key和value的类型
            job.setReducerClass(MyReducer.class);
            job.setOutputKeyClass(Text.class);
            job.setOutputValueClass(LongWritable.class);

            // 2.3 指定输出的路径和设置输出的格式化类
            FileOutputFormat.setOutputPath(job, new Path(OUTPUT_PATH));
            job.setOutputFormatClass(TextOutputFormat.class);

            // 提交job
            System.exit(job.waitForCompletion(true) ? 0 : 1);
        }
    }
```

5.2 MapReduce 高级开发二

还可以使用 MapReduce 完成连接操作、排序操作、多文件联合查询和二次排序等,并实现相应功能。

5.2.1 MapReduce 连接操作

5.2.1.1 概述

在关系型数据库中，要实现 join 操作是非常方便的，只需要一条 SQL 语句就可以实现；对于庞大的数据量使用关系数据库中的 join 操作，在实现数据连接时势必会降低执行效率；尽管在大数据场景下，使用 MapReduce 编程模型实现 join 还是相对比较复杂的，但是带来的好处就是提高执行效率。在实际开发中，可以借助 Hive、Spark SQL 等框架来实现 MapReduce 连接操作。下面详细介绍如何使用 MapReduce API 来实现 join 操作。

5.2.1.2 要求

例如需要实现如下 SQL 功能。

```
select e.empno,e.ename,d.deptno,d.dname from emp e join dept d on e.deptno=d.deptno;
//测试数据 emp.txt
7389    PETTER      CLERK       7902    1978-11-8   900.00              20
7599    JOHN        SALESMAN    9689    1980-4-25   1600.00   300.00    30
7523    TOM         SALESMAN    9869    1981-2-12   1250.00   500.00    20
7655    JOE         MANAGER     7839    1981-5-9    2980.00             20
....
//测试数据 dept.txt
10      ACCOUNTING      NEW YORK
20      RESEARCH        DALLAS
30      SALES           CHICAGO
40      OPERATIONS      BOSTON
```

5.2.1.3 实现原理

使用 MapReduce 实现 join 原理如下。

① Map 端读取所有文件，并在输出的内容里加上标识，代表数据是从哪个文件读取的。
② 在 reduce 处理函数中，按照标识对数据进行处理。
③ 根据 key 用 join 来求出结果并直接输出。

5.2.1.4 代码实现

1）定义员工类

```java
import java.io.DataInput;
import java.io.DataOutput;
import java.io.IOException;
import org.apache.hadoop.io.WritableComparable;

/**
 * 员工对象
 */
```

```java
public class Emplyee implements WritableComparable {

    private String empNo = "";
    private String empName = "";
    private String deptNo = "";
    private String deptName = "";
    private int flag = 0;    //区分是员工还是部门

    public Emplyee() {
    }

    public Emplyee(String empNo, String empName, String deptNo, String deptName, int flag) {
        this.empNo = empNo;
        this.empName = empName;
        this.deptNo = deptNo;
        this.deptName = deptName;
        this.flag = flag;
    }

    public Emplyee(Emplyee e) {
        this.empNo = e.empNo;
        this.empName = e.empName;
        this.deptNo = e.deptNo;
        this.deptName = e.deptName;
        this.flag = e.flag;
    }

    public String getEmpNo() {
        return empNo;
    }

    public void setEmpNo(String empNo) {
        this.empNo = empNo;
    }

    public String getEmpName() {
        return empName;
    }

    public void setEmpName(String empName) {
        this.empName = empName;
    }

    public String getDeptNo() {
        return deptNo;
    }

    public void setDeptNo(String deptNo) {
        this.deptNo = deptNo;
    }
```

```java
        public String getDeptName() {
            return deptName;
        }

        public void setDeptName(String deptName) {
            this.deptName = deptName;
        }

        public int getFlag() {
            return flag;
        }

        public void setFlag(int flag) {
            this.flag = flag;
        }

        @Override
        public void readFields(DataInput input) throws IOException {
            this.empNo = input.readUTF();
            this.empName = input.readUTF();
            this.deptNo = input.readUTF();
            this.deptName = input.readUTF();
            this.flag = input.readInt();
        }

        @Override
        public void write(DataOutput output) throws IOException {
            output.writeUTF(this.empNo);
            output.writeUTF(this.empName);
            output.writeUTF(this.deptNo);
            output.writeUTF(this.deptName);
            output.writeInt(this.flag);

        }

        //不做排序
        @Override
        public int compareTo(Object o) {
            return 0;
        }

        @Override
        public String toString() {
            return this.empNo +"," +this.empName +"," +this.deptNo+"," +this.deptName;
        }
    }
```

2）自定义 Mapper 类

```java
import org.apache.hadoop.io.LongWritable;
import org.apache.hadoop.io.Text;
import org.apache.hadoop.mapreduce.Mapper;

import java.io.IOException;

public class MyMapper extends Mapper<LongWritable, Text, LongWritable, Emplyee> {

    @Override
    protected void map(LongWritable key, Text value,
                       Context context)
            throws IOException, InterruptedException {
        String val = value.toString();
        String[] arr = val.split("\t");

        System.out.println("arr.length=" +arr.length +" arr[0]=" +arr[0]);

        if (arr.length <= 3) {//dept
            Emplyee e = new Emplyee();
            e.setDeptNo(arr[0]);
            e.setDeptName(arr[1]);
            e.setFlag(1);

            context.write(new LongWritable(Long.valueOf(e.getDeptNo())), e);

        } else {//emp
            Emplyee e = new Emplyee();
            e.setEmpNo(arr[0]);
            e.setEmpName(arr[1]);
            e.setDeptNo(arr[7]);
            e.setFlag(0);

            context.write(new LongWritable(Long.valueOf(e.getDeptNo())), e);
        }
    }
}
```

3）自定义 Reducer 类

```java
import org.apache.hadoop.io.LongWritable;
import org.apache.hadoop.io.NullWritable;
import org.apache.hadoop.io.Text;
import org.apache.hadoop.mapreduce.Reducer;
```

```java
import java.io.IOException;
import java.util.ArrayList;
import java.util.List;

public class MyReducer extends
        Reducer<LongWritable, Emplyee, NullWritable, Text> {

    @Override
    protected void reduce(LongWritable key, Iterable<Emplyee> iter,
                          Context context)
            throws IOException, InterruptedException {

        Emplyee dept = null;
        List<Emplyee> list = new ArrayList<Emplyee>();

        for (Emplyee tmp : iter) {
            if (tmp.getFlag() == 0) {//emp
                Emplyee emplyee = new Emplyee(tmp);
                list.add(emplyee);
            } else {
                dept = new Emplyee(tmp);
            }
        }

        if (dept != null) {
            for (Emplyee emp : list) {
                emp.setDeptName(dept.getDeptName());
                context.write(NullWritable.get(), new Text(emp.toString()));
            }
        }
    }
}
```

4) 驱动类开发

```java
import org.apache.hadoop.conf.Configuration;
import org.apache.hadoop.fs.FileSystem;
import org.apache.hadoop.fs.Path;
import org.apache.hadoop.io.LongWritable;
import org.apache.hadoop.io.NullWritable;
import org.apache.hadoop.mapreduce.Job;
import org.apache.hadoop.mapreduce.lib.input.FileInputFormat;
import org.apache.hadoop.mapreduce.lib.output.FileOutputFormat;

import java.net.URI;

/**
 * 使用MapReduce API 完成Reduce Join 的功能
 */
public class EmpJoinApp {
```

```java
    public static void main(String[] args) throws Exception {
        String INPUT_PATH = "hdfs://hadoop000:8020/inputjoin";
        String OUTPUT_PATH = "hdfs://hadoop000:8020/outputmapjoin";

        Configuration conf = new Configuration();
        final FileSystem fileSystem = FileSystem.get(new URI(INPUT_PATH), conf);
        if (fileSystem.exists(new Path(OUTPUT_PATH))) {
                fileSystem.delete(new Path(OUTPUT_PATH), true);
        }

        Job job = Job.getInstance(conf, "Reduce Join");

        // 设置主类
        job.setJarByClass(EmpJoinApp.class);

        //设置 Map 和 Reduce 处理类
        job.setMapperClass(MyMapper.class);
        job.setReducerClass(MyReducer.class);

        //设置 Map 输出类型
        job.setMapOutputKeyClass(LongWritable.class);
        job.setMapOutputValueClass(Emplyee.class);

        //设置 Reduce 输出类型
        job.setOutputKeyClass(NullWritable.class);
        job.setOutputValueClass(Emplyee.class);

        //设置输入和输出目录
        FileInputFormat.addInputPath(job, new Path(INPUT_PATH));
        FileOutputFormat.setOutputPath(job, new Path(OUTPUT_PATH));

        System.exit(job.waitForCompletion(true) ? 0 : 1);
    }
}
```

5.2.1.5 提交作业到集群运行

① 使用 mvn clean package -DskipTests 打包成 hadoop-1.0-SNAPSHOT.jar,然后上传到 /home/hadoop/lib 目录下。

② 将测试数据上传到 HDFS 目录中。

```
hadoop fs -mkdir /inputjoin
hadoop fs -put emp.txt dept.txt /inputjoin
```

③ 提交 MapReduce 作业到集群运行。

```
    hadoop jar /home/hadoop/lib/Hadoop-1.0-SNAPSHOT.jar cn.cvit.hadoopDemo.
mr.reducejoin.
    EmpJoinApp
```

④ 查看输出结果。

```
    hadoop fs -text /outputmapjoin/part*
```

5.2.2 MapReduce 排序操作

5.2.2.1 要求

要求对输入文件中的数据进行排序。输入文件中的每行内容均为一个数字，也就是一个数据。要求在每行输出两个间隔的数字，其中，第一个代表原始数据在原始数据集中的排位，第二个代表原始数据。

5.2.2.2 实现原理

在 MapReduce 中默认可以进行排序，如果 key 为封装成 int 的 IntWritable 类型，那么 MapReduce 会对 key 按照数字大小进行排序；如果 key 为封装成 String 的 Text 类型，那么 MapReduce 会对 key 按照字典顺序进行排序。也可以使用内置排序来实现这个功能。

首先要清楚排序规则是按照 key 值进行排序。应该使用封装 int 的 IntWritable 数据类型，而不是在 map 中将读入的数据转化成 IntWritable 型，然后作为 key 值输出（value 任意）。Reduce 拿到<key,value-list>之后，将输入的 key 作为 value 输出，并根据 value-list 中元素的个数决定输出的次数。输出的 key 是一个全局变量，用来统计 key 的当前排位。

5.2.2.3 代码实现

```
    import org.apache.hadoop.conf.Configuration;
    import org.apache.hadoop.fs.FileSystem;
    import org.apache.hadoop.fs.Path;
    import org.apache.hadoop.io.IntWritable;
    import org.apache.hadoop.io.LongWritable;
    import org.apache.hadoop.io.Text;
    import org.apache.hadoop.mapreduce.Job;
    import org.apache.hadoop.mapreduce.Mapper;
    import org.apache.hadoop.mapreduce.Reducer;
    import org.apache.hadoop.mapreduce.lib.input.FileInputFormat;
    import org.apache.hadoop.mapreduce.lib.output.FileOutputFormat;

    import java.io.IOException;
    import java.net.URI;

    /**
     * 使用 MapReduce API 实现排序
```

```java
 */
public class SortApp {
    public static class MyMapper extends
            Mapper<LongWritable, Text, IntWritable, IntWritable> {
        private static IntWritable data = new IntWritable();

        public void map(LongWritable key, Text value, Context context)
            throws IOException, InterruptedException {
            String line = value.toString();
            data.set(Integer.parseInt(line));
            context.write(data, new IntWritable(1));
        }

    }

    public static class MyReducer extends
            Reducer<IntWritable, IntWritable, IntWritable, IntWritable> {
        private static IntWritable data = new IntWritable(1);

        public void reduce(IntWritable key, Iterable<IntWritable> values,
                           Context context)
            throws IOException, InterruptedException {
            for (IntWritable val : values) {
                context.write(data, key);
                data = new IntWritable(data.get() +1);
            }
        }
    }

    public static void main(String[] args) throws Exception {

        String INPUT_PATH = "hdfs://hadoop000:8020/sort";
        String OUTPUT_PATH = "hdfs://hadoop000:8020/outputsort";

        Configuration conf = new Configuration();
        final FileSystem fileSystem = FileSystem.get(new URI(INPUT_PATH), conf);
        if (fileSystem.exists(new Path(OUTPUT_PATH))) {
            fileSystem.delete(new Path(OUTPUT_PATH), true);
        }

        Job job = Job.getInstance(conf, "SortApp");

        // 设置主类
        job.setJarByClass(SortApp.class);

        //设置 Map 和 Reduce 处理类
        job.setMapperClass(MyMapper.class);
        job.setReducerClass(MyReducer.class);

        //设置输出类型
```

```
        job.setOutputKeyClass(IntWritable.class);
        job.setOutputValueClass(IntWritable.class);

        //设置输入和输出目录
        FileInputFormat.addInputPath(job, new Path(INPUT_PATH));
        FileOutputFormat.setOutputPath(job, new Path(OUTPUT_PATH));

        System.exit(job.waitForCompletion(true) ? 0 : 1);
    }
}
```

5.2.2.4 提交作业到集群运行

1）使用 mvn clean package -DskipTests 打包成 hadoop-1.0-SNAPSHOT.jar，然后上传到 /home/hadoop/lib 目录下。

2）将测试数据上传到 HDFS 目录中。

```
hadoop fs -mkdir /sort
hadoop fs -put emp.txt dept.txt /sort
```

3）提交 MapReduce 作业到集群运行。

```
hadoop jar /home/hadoop/lib/Hadoop-1.0-SNAPSHOT.jar cn.cvit.hadoopDemo.mr.sort.SortApp
```

4）查看输出结果。

```
hadoop fs -text /outputsort/part*
```

5.2.3 MapReduce 多文件联合查询

5.2.3.1 要求

该实例要实现多文件联合查询，要求从给出的数据中寻找所关心的数据，它是对原始数据包含信息的挖掘。

例如，吉林省要在省内各大城市建立民航机场，现有两份数据，一份数据包含吉林省所有的城市，另一份包含吉林省已经有机场的城市，现要求统计出目前吉林省还没有机场的城市。

allCity.txt 文件中保存吉林省所有城市的名称，内容如下：

```
长春
吉林
蛟河
四平
```

```
辽源
通化
白山
松原
白城
延吉
图们
敦化
珲春
龙井
舒兰
```

someCity.txt 文件中保存吉林省已有机场的城市，内容如下：

```
长春      长春机场
吉林      吉林机场
松原      松原机场
延吉      延吉机场
白城      白城机场
白山      白山机场
```

样例输出：

统计出吉林省没有机场的城市如下：

```
蛟河
四平
辽源
通化
图们
敦化
珲春
龙井
舒兰
```

5.2.3.2 设计思路

　　此时我们拥有两份数据，一份是吉林省所有城市的数据，另一份是吉林省已有机场的城市数据。如果要在吉林省尚未建机场的城市建设新机场，那么我们需要去除吉林省已经建有机场的城市，整理出没有建设机场的城市。此时需要针对两份数据文件进行联合查询，我们称为 MapReduce 的多文件联合查询。

　　首先要为吉林省所有城市的数据写一个 AllCityMap 的程序进行映射处理，然后，对吉林省已有机场的城市写一个 SomeCityMap 程序进行映射处理，再让这两个 map 的处理结果进行连接操作，进入同一个 shuffle 进行分区、合并、排序，最后在 reduce 端过滤出没有机场的城市名称。

5.2.3.3 代码实现

```java
import java.io.IOException;
import java.util.ArrayList;
import java.util.List;
import org.apache.hadoop.conf.Configuration;
import org.apache.hadoop.fs.Path;
import org.apache.hadoop.io.LongWritable;
import org.apache.hadoop.io.Text;
import org.apache.hadoop.mapred.FileOutputFormat;
import org.apache.hadoop.mapred.TextInputFormat;
import org.apache.hadoop.mapreduce.Job;
import org.apache.hadoop.mapreduce.Mapper;
import org.apache.hadoop.mapreduce.Reducer;
import org.apache.hadoop.mapreduce.lib.input.MultipleInputs;

public class CityMapJoinDemo {
    public static void main(String[] args) throws IOException {
        // 判断输入路径
        if (args.length != 3 || args == null) {
            System.err.println("Please Input Full Path!");
            System.exit(1);
        }

        // 创建Job
        Job job = Job.getInstance(new Configuration(), CityMapJoinDemo.class.getSimpleName());
        job.setJarByClass(CityMapJoinDemo.class);
        MultipleInputs.addInputPath(job, new Path(args[0]), TextInputFormat.class, AllCity.class);
        MultipleInputs.addInputPath(job, new Path(args[1]), TextInputFormat.class, SomeCity.class);
        FileOutputFormat.setOutputPath(job, new Path(args[2]));

        job.setOutputKeyClass(Text.class);
        job.setOutputValueClass(Text.class);
        job.setReducerClass(CityReduce.class);
        job.waitForCompletion(true);
    }

    // 处理所有城市的map
    static class AllCity extends Mapper<LongWritable, Text, Text, Text> {
        public static final String LABEL = "a_";

        @Override
        protected void map(LongWritable key, Text value,
                org.apache.hadoop.mapreduce.Mapper<LongWritable, Text, Text, Text>.Context context)
                throws IOException, InterruptedException {
```

```java
            String cityName = value.toString();
            context.write(new Text(cityName), new Text(LABEL +cityName));
        };
    }

    // 处理只有机场的城市
    static class SomeCity extends Mapper<LongWritable, Text, Text, Text> {
        public static final String LABEL = "s_";

        @Override
        protected void map(LongWritable key, Text value,
                org.apache.hadoop.mapreduce.Mapper<LongWritable, Text, Text, Text>.Context context)
                throws IOException, InterruptedException {
            String[] lines = value.toString().split("\t");
            String cityName = lines[0];
            context.write(new Text(cityName), new Text(LABEL +value.toString()));
        }
    }

    // 经过shuffle过程
    static class CityReduce extends Reducer<Text, Text, Text, Text> {
        @Override
        protected void reduce(Text key, java.lang.Iterable<Text> values,
                org.apache.hadoop.mapreduce.Reducer<Text, Text, Text, Text>.Context context)
                throws IOException, InterruptedException {
            // 城市的名字
            String cityName = null;
            // 保存符合条件过滤出来的城市
            List<String> list = new ArrayList<String>();
            for (Text value : values) {
                // 如果列表中包含有_s开头的数据,则表明该数据是已有机场的城市
                if (value.toString().startsWith(SomeCity.LABEL)) {
                    int index = value.toString().indexOf("_");
                    cityName = value.toString().substring(index +1, index +3);
                } else if (value.toString().startsWith(AllCity.LABEL)) {
                    list.add(value.toString().substring(2));
                }
            }
            // 如果城市名称为空,且list列表中的值,则列表中的值就是符合条件的数据
            if (cityName == null && list.size() > 0) {
                for (String str : list) {
                    context.write(new Text(str), new Text(""));
                }
            }
        };
    }
}
```

5.2.3.4 提交作业到集群运行

① 使用 Eclipse 将源程序打包成 city.jar，然后上传到 /home/hadoop/lib 目录下。
② 将测试数据上传到 HDFS 目录中。

```
hadoop fs -mkdir /city
hadoop fs -put allCity.txt /city
hadoop fs -put someCity.txt /city
```

③ 提交 MapReduce 作业到集群运行。

```
Hadoop jar /home/hadoop/lib/city.jar /city/allCity.txt /city/someCity.txt /city/output_city
```

④ 查看输出结果。

```
hadoop fs -text /city/output_city/part*
```

5.3 实现课程名称和成绩的二次排序

5.3.1 实体类

首先，我们编写实现课程名称和成绩二次排序项目需要的 POJO 类，代码如下。

```java
import java.io.DataInput;
import java.io.DataOutput;
import java.io.IOException;
import org.apache.hadoop.io.IntWritable;
import org.apache.hadoop.io.Text;
import org.apache.hadoop.io.WritableComparable;

public class CourseScoreBean  implements WritableComparable<CourseScoreBean>{
    private Text courseName;
    private IntWritable score;
    public CourseScoreBean() {
        setCourseName(new Text());
        setScore(new IntWritable());
    }
    public CourseScoreBean(Text courseName, IntWritable scorescore) {
        this.courseName = courseName;
        this.score = score;
    }
    @Override
    public void write(DataOutput out) throws IOException {
```

```java
            courseName.write(out);
            score.write(out);
    }
    @Override
    public void readFields(DataInput in) throws IOException {
            courseName.readFields(in);
            score.readFields(in);
    }
    @Override
    public int compareTo(CourseScoreBean o) {
            int tmp = courseName.compareTo(o.courseName);
            if(tmp ==0){
                    return score.compareTo(o.score);
            }
            return tmp;
    }
    public Text getCourseName() {
        return courseName;
    }

    public void setCourseName(Text courseName) {
        this.courseName = courseName;
    }

    public IntWritable getScore() {
        return score;
    }

    public void setScore(IntWritable score) {
        this.score = score;
    }
    @Override
    public String toString() {
    return courseName +"\t" +score;
    }
}
```

5.3.2 Mapper 类

接下来,编写自定义 Mapper 类 SecondarySortMapper,代码如下。

```java
import java.io.IOException;
import java.util.StringTokenizer;
import org.apache.hadoop.io.IntWritable;
import org.apache.hadoop.io.LongWritable;
import org.apache.hadoop.io.NullWritable;
import org.apache.hadoop.io.Text;
import org.apache.hadoop.mapreduce.Mapper;
```

```
public class SencondarySortMapper extends Mapper<LongWritable, Text,
CourseScoreBean, NullWritable> {
    private CourseScoreBean csb = new CourseScoreBean();
    @Override
    protected void map(LongWritable key, Text value,Context context)
            throws IOException, InterruptedException {
        StringTokenizer st = new StringTokenizer(value.toString());
        while (st.hasMoreTokens()) {
            csb.setCourseName(new Text(st.nextToken()));
            csb.setScore(new IntWritable(Integer.parseInt(st.next-
Token())));
        }
        context.write(csb ,NullWritable.get());
    }
}
```

5.3.3　Reducer 类

我们依据 Map 阶段的输出结果形式，编写 Reduce 阶段的类 SecondarySortReducer，代码如下。

```
import java.io.IOException;
import org.apache.hadoop.io.NullWritable;
import org.apache.hadoop.mapreduce.Mapper;
import org.apache.hadoop.mapreduce.Reducer;

public class SencondarySortReducer extends Reducer<CourseScoreBean,
NullWritable, CourseScoreBean, NullWritable>{
    @Override
    protected void reduce(CourseScoreBean key, Iterable<NullWritable>
values,Context context) throws IOException, InterruptedException
    {
        for (NullWritable nullWritable : values) {
            context.write(key, NullWritable.get());
        }
    }
}
```

5.3.4　项目驱动类编写

编写项目驱动类 TestRunner，代码如下。

```
import org.apache.hadoop.conf.Configuration;
import org.apache.hadoop.fs.FileSystem;
import org.apache.hadoop.fs.Path;
import org.apache.hadoop.io.NullWritable;
import org.apache.hadoop.mapreduce.Job;
```

```
    import org.apache.hadoop.mapreduce.lib.input.FileInputFormat;
    import org.apache.hadoop.mapreduce.lib.output.FileOutputFormat;

public class TestRunner {

    public static void main(String[] args) throws Exception {
        Configuration conf = new Configuration();
        Path outfile = new Path("D:\\outfile1");
        FileSystem fs = outfile.getFileSystem(conf);
        if(fs.exists(outfile)){
            fs.delete(outfile,true);
        }
        Job job = Job.getInstance(conf);
        job.setJarByClass(TestRunner.class);
        job.setJobName("Sencondary Sort");
        job.setMapperClass(SencondarySortMapper.class);
        job.setReducerClass(SencondarySortReducer.class);

        job.setOutputKeyClass(CourseScoreBean.class);
        job.setOutputValueClass(NullWritable.class);

        FileInputFormat.addInputPath(job, new Path("D:\\input\\course-score.dat"));
        FileOutputFormat.setOutputPath(job,outfile);
        System.exit(job.waitForCompletion(true)?0:1);
    }
}
```

一、填空题

1. 在实际开发中，如果数据量非常大，我们可以在每个节点上先做一次局部汇总，即____操作，以减轻 Reduce 阶段的压力。
2. MapReduce 工作流程分为____、____、____、____、____。
3. Partitioner 组件目的是_____。

二、判断题

1. Map 阶段处理数据时，是按照 key 的哈希值与 ReduceTask 数量取模进行分区的。
2. 分区数量是 ReduceTask 的数量。
3. 在 MapReduce 程序中，必须开发 Map 和 Reduce 相应的业务代码才能执行程序。

三、单选题

1. MapReduce 自定义排序规则需要重写（　　）方法。
   A. readFields()　　B. compareTo()　　C. map()　　D. reduce()
2. 如果想要自定义 Combiner，需要继承（　　）类，并且重写 reduce( )方法。

A. Mapper B. Reducer C. InputFormat D. OutputFormat

3. 如果想要定义一个 Partitioner 组件，需要继承（　　）类，并且重写 getPartition( )方法。

A. Mapper B. Reducer C. Partitioner D. Combiner

四、简答题

1. 为什么要进行 Combiner 操作？
2. MapReduce 是如何进行 Partitioner 分区的？

第 6 章　Hive 数据仓库

 学习目标

- 了解 Hive 的应用领域
- 了解 Hive 在 Hadoop 生态圈中的地位
- 掌握 Hive 体系架构
- 掌握 Hive 的安装
- 掌握 Hive 的 DDL 和 DML 操作技术

　　Hive 在大数据技术体系中占有重要的地位,是一个基于 Hadoop 的数据仓库工具,用来进行数据提取、转化、加载,可以存储、查询和分析存储在 Hadoop 中的大规模数据。Hive 数据仓库工具能将结构化的数据文件映射为一张数据库表,并提供 SQL 查询功能,能将 SQL 语句转变成 MapReduce 任务来执行。

　　本章的思路是:以安装部署 Hive1.2 版本为起点,以利用 DDL、DML 的操作为重点学习内容,以数据分析为核心。

6.1 什么是 Hive

6.1.1 Hive 简介

数据仓库（Data Warehouse）是一个面向主题的、集成的、相对稳定的、随时间变化的数据集合，数据仓库有效集成了来自不同部门、不同地理位置的具有不同格式的数据，为管理决策者提供了相应范围内的单一数据视图，从而为综合分析和科学决策奠定了坚实的基础。

Hive 是 Facebook 为了解决海量数据的统计分析而开发的基于 Hadoop 的一个数据分析工具（也就证明了 Hive 没有存储数据的能力，它只有使用数据的能力），而且是将结构化的数据文件映射为一张数据库表（结构化是它对于存储在 HDFS 上的数据的一个要求，其他的文件不能映射为 Hive 表），而且它提供的是类 SQL 查询功能，所以在数据使用的时候给我们提供了很大的方便。

Hive 是一个数据仓库工具，没有数据存储功能，它的数据是从 HDFS 来获得的，但是它又不能直接从 HDFS 进行数据访问，而是通过 MapReduce 来实现的，本质上也就是将 HQL 语句转换为 MapReduce 的任务，然后来进行数据访问。将 HQL 语句转换为 MapReduce 任务运行的流程如图 6-1 所示。

图 6-1 转换流程

在搭建 Hive 数据仓库时，将常用的指令，比如 SELECT、FROM、WHERE 等用 MapReduce 写成模板，并且将这些所有的 MapReduce 的模板封装到 Hive 中。这是我们在搭建 Hive 数据仓库的时候就形成的。客户根据业务需求编写相应的 SQL 语句，系统会自动地到 Hive 封装的这些 MapReduce 中去匹配。匹配完之后就运行 MapReduce 程序，生成相应的分析结果，然后反馈给我们。做离线数据分析时，Hive 要比直接使用 MapReduce 开发效率更高。

6.1.2 为什么使用 Hive

为什么使用 Hive 要比直接使用 MapReduce 开发效率更高？

① 直接使用 MapReduce 面临的问题是学习成本比较高，因为需要学习 Java 或者是 Python，而且 MapReduce 实现复杂的查询逻辑的时候，开发难度会相对大。如果使用 Hive 的 HQL 语句，接口采用的是类 SQL 语法，所以能够启动快速开发功能，因为掌握 SQL 语句的难度要比掌握 Java 或者 Python 的难度低很多。

② 避免了写 MapReduce，减少了开发人员的学习成本。
③ 功能扩展比较方便。

6.1.3 Hive 的优缺点

Hive 的优点主要有以下 4 个方面。
① 节省学习成本。
② 在数据处理方面，Hive 语句最终会生成 MapReduce 任务去执行，常用于离线数据分析，适合对数据实时性要求不高的场景（Hive 本身的用途就是做离线数据分析）。
③ 在数据存储方面，能够存储很大的数据集（实际上是不存储数据的，"很大的数据集"实际上指的是 HDFS），并且对数据完整性和格式要求不严格（只要是结构化的就可以了）。
④ 延展性好。Hive 支持用户自定义函数（MySQL、SQL Server 也支持），使用者可以根据自身需求实现相应函数。

Hive 的缺点主要有以下 2 个方面。
① HQL 本身表达能力有限，当逻辑需求特别复杂的时候，还是要借助 MapReduce；
② Hive 操作默认基于 MapReduce 引擎，而 MapReduce 引擎与其它的引擎（如 spark 引擎）相比，特点就是慢、延迟高，不适合交互式查询，所以 Hive 也有这个缺点。

6.1.4 Hive 体系结构

图 6-2 Hive 体系结构图

Hive 通过给用户提供的一系列交互接口，接收到用户的指令(SQL)，使用自己的驱动模块（Driver），结合元数据（MetaStore），将这些指令翻译成 MapReduce，提交到 Hadoop 中执行，最后，将执行返回的结果输出到用户交互接口。其体系结构主要包含 3 个部分，分别为用户接口模块、驱动模块及元数据存储模块，具体如图 6-2 所示。

➤ 用户接口模块（Client）：由 CLI、JDBC/ODBC 等组成，其中 CLI 是 shell 终端命令行，是最常用的方式；JDBC/ODBC 是 Hive 的 Java 实现，与传统关系数据库的 JDBC 方式类似。

➤ 驱动模块（Diver）：主要包含解析器（SQL Parser）、编译器（Physical Plan）、优化器（Query Optimizer）、执行器（Execution），用于完成 HQL 查询语句的词法分析、语法分析、编译、优化及查询的生成。

➤ 解析器（SQL Parser）：将 SQL 字符串转换成抽象语法树（AST），这一步一般都用第三方工具库完成，比如用语法分析器 ANTLR 对 AST 进行语法分析，包括表是否存在、字段是否存在、SQL 语义是否有误等。

➤ 编译器（Physical Plan）：将 AST 编译生成逻辑执行计划。

➤ 优化器（Query Optimizer）：对逻辑执行计划进行优化。

➢ 执行器（Execution）：把逻辑执行计划转换成可以运行的物理计划。对于 Hive 来说，就是 MR/Spark。

➢ 元数据存储模块（Metastore）：Hive 中的元数据通常包含表名、列、分区、存储位置及相关属性，Metastore 单用户时默认存储在自带的 Derby 数据库中，多用户时数据存储在 MySQL 数据库中。

Hive 的数据文件存储在 HDFS 中，大部分的查询由 MapReduce 完成。

6.1.5 Hive 设计特征

Hive 作为 Hadoop 的数据仓库处理工具，它所有的数据都存储在 Hadoop 兼容的文件系统中。Hive 在加载数据过程中不会对数据进行任何的修改，只是将数据移动到 HDFS 中 Hive 设定的目录下，因此，Hive 不支持对数据的改写和添加，所有的数据都是在加载时确定，Hive 的设计特征如下。

➢ 支持索引，加快数据查询。
➢ 支持不同的存储类型，如纯文本文件、HBase 中的文件。
➢ 将元数据保存在关系数据库中，减少了在查询中执行语义检查的时间。
➢ 可以直接使用存储在 Hadoop 文件系统中的数据。
➢ 内置大量用户函数（UDF）和其他的数据挖掘工具，支持用户扩展 UDF 来完成内置函数无法实现的操作。
➢ 类 SQL 的查询方式，将 SQL 转译成 MapReduce 的 Job 在 Hadoop 集群上执行。
➢ 编码和 Hadoop 同样使用 UTF-8 字符集。

由于 Hive 采用了类似 SQL 的查询语言 HQL(Hive Query Language)，因此很容易将 Hive 理解为数据库。表 6-1 对 Hive 和传统数据库进行了对比分析，从中可以看出 Hive 和数据库的差异。数据库可以用在 Online 的应用中，但是 Hive 是为数据仓库而设计的，清楚这一点，有助于从应用角度理解 Hive 的特性。

表 6-1 Hive 与传统数据库的对比

对比项	Hive	MySQL
查询语言	HQL	SQL
数据存储位置	HDFS	块设备或本地文件系统
数据格式	用户自定义	系统定义
数据更新	不支持	支持
事务	不支持	支持
执行延迟	高	低
可扩展性	高	低
数据规模	大	小
多表插入	支持	不支持

传统数据库同时支持导入单条数据和批量数据，而 Hive 中仅支持批量导入数据，因为 Hive 主要用来支持大规模数据集上的数据仓库应用程序的运行,常见操作是全表扫描,所以，单条插入功能对 Hive 并不适用。传统数据库中更新和索引是很重要的特性，Hive 不支持数据更新，Hive 0.7 后面的版本可以支持索引，从而加速一些查询操作；Hive 中给一个表创建的索引数据会被保存在另外的表中。

传统数据库提供分区功能来改善大型表及具有各种访问模式的表的可伸缩性、可管理性，提高数据库效率。Hive 也支持分区功能，Hive 表根据每个分区中的列值对表进行粗略划分，加快数据的查询速度。因为 Hive 构建在 HDFS 与 MapReduce 之上，相对于传统数据库，Hive 延迟会比较高，传统数据库中 SQL 语句的延迟一般少于 1s，而 HiveSQL 语句的延迟会达到分钟级。传统关系数据库很难实现横向扩展，纵向扩展的空间也有限，而 Hive 的开发和运行环境是基于 Hadoop 集群的，所以具有较好的横向可扩展性。

6.2 Hive 安装

6.2.1 伪分布式安装与配置 Hive

Hive 安装模式分为 3 种，分别是嵌入式模式、本地模式和远程模式。

嵌入式模式：是 Hive 默认的安装模式，使用内嵌的 Derby 数据库来存储元数据信息，缺点是一次只能连接一个客户端，适合用来测试和教学。嵌入式模式结构如图 6-3 所示。

本地模式：采用外部 MySQL 数据库存储元数据，该模式使用的是和 Hive 在同一个进程中的 Metastore 服务，本地模式结构如图 6-4 所示。

图 6-3　嵌入式模式结构图　　　　图 6-4　本地模式结构图

远程模式：与本地模式一样，远程模式采用外部数据库存储元数据信息，不同的是远程模式需要单独开启 Metastore 服务，然后每个客户端都在配置文件中配置连接该 Metastore 服务，远程模式中 Metastore 服务和 Hive 运行在不同的进程中，远程模式结构如图 6-5 所示。

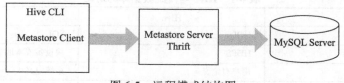

图 6-5　远程模式结构图

由于嵌入模式仅限一个用户，远程模式适用于企业，因此在这里主要讲解本地模式安装与部署。

Hive 的下载地址是 http://hive.apache.org/，其文档说明可以查看地址 https://cwiki.apache.org/confluence/display/Hive/GettingStarted。

6.2.1.1 前期准备

（1）启动 Hadoop 中的 HDFS 和 YARN。

```
$ sbin/start-dfs.sh
$ sbin/start-yarn.sh
```

（2）在 HDFS 上创建/tmp 和/user/hive/warehouse 两个目录并修改它们的写权限。

```
$ bin/hadoop fs -mkdir /tmp
$ bin/hadoop fs -mkdir -p /user/hive/warehouse
$ bin/hadoop fs -chmod g+w /tmp
$ bin/hadoop fs -chmod g+w /user/hive/warehouse
```

6.2.1.2　Hive 的下载

本教材采用的是 1.2.2 版本，在浏览器中输入软件 Hive 下载地址 http://archive.apache.org/dist/hive/，单击图 6-6 中的 hive-1.2.2 链接，打开如图 6-7 所示的窗口。单击图 6-7 所示窗口的 apache-hive-1.2.2-bin.tar.gz 链接，进行 Hive 版本的下载。

图 6-6　Hive 下载页面

图 6-7　hive-1.2.2 版本下载页面

6.2.1.3　Hive 的部署

① 上传 Hive 压缩包到 linux 相关目录下。把 apache-hive-1.2.1-bin.tar.gz 上传到 linux 的 /usr/local/src 目录下。

② 解压 apache-hive-1.2.1-bin.tar.gz 到 /usr/local/src 目录下面：

```
$ tar -zxvf apache-hive-1.2.1-bin.tar.gz -C /usr/local/src
```

③ 修改 apache-hive-1.2.1-bin.tar.gz 的名称为 hive：

```
$ mv apache-hive-1.2.1-bin/ hive
```

④ 修改/usr/local/src/hive/conf 目录下的 hive-env.sh.template 名称为 hive-env.sh：

```
$ mv hive-env.sh.template hive-env.sh
```

⑤ 配置 hive-env.sh 文件。
a. 配置 HADOOP_HOME 路径：

```
export  HADOOP_HOME=/usr/local/src/hadoop
```

b. 配置 HIVE_CONF_DIR 路径：

```
export=/usr/local/src/hive/conf
```

6.2.2 安装与配置 MySQL

6.2.2.1 安装 MySQL 服务

MySQL 服务安装方式有多种，可以直接解压安装包进行配置，也可以选择在线安装，本节介绍在线安装，具体指令如下：

```
//下载安装 MySQL
$ yum install mysql mysql-server mysql-devel
//启动 MySQL 服务
$ /etc/init.d/mysqld start
//MySQL 服务连接、登录
$ mysql
```

接下来进入 MySQL 客户端，修改 MySQL 数据库 root 用户的登录密码，并设置允许远程登录权限，具体命令如下：

```
//修改登录 MySQL 用户名和密码
mysql> use mysql;
mysql> update user set Password=PASSWORD('root') where user='root';
//设置允许远程登录
mysql> grant all privileges on *.* to 'root'@'%'identified by 'root' with grant option;
//强制写入
mysql> flush privileges;
```

6.2.2.2 Hive 元数据配置到 MySQL

1）复制驱动
① 在/opt/software/mysql-libs 目录下解压已下载的 mysql-connector-java-5.1.27.tar.gz 压缩

安装包：

```
$ tar -zxvf mysql-connector-java-5.1.27.tar.gz
```

② 复制/opt/software/mysql-libs/mysql-connector-java-5.1.27 目录下的 mysql-connector-java-5.1.27-bin.jar 到/opt/module/hive/lib/：

```
$ cp mysql-connector-java-5.1.27-bin.jar  /opt/module/hive/lib/
```

2）配置 Metastore 到 MySql

① 在/opt/module/hive/conf 目录下创建一个 hive-site.xml：

```
$ touch hive-site.xml
$ vi hive-site.xml
```

② 将数据复制到 hive-site.xml 文件中，配置信息如下：

```xml
<?xml version="1.0" encoding="UTF-8" standalone="no"?>
<?xml-stylesheet type="text/xsl" href="configuration.xsl"?>
<configuration>
<property>
 <name>javax.jdo.option.ConnectionURL</name>
 <value>jdbc:mysql://192.168.1.42:3306/metastore?createDatabaseIfNotExist=true</value>
  <description>JDBC connect string for a JDBC metastore</description>
</property>
<property> <name>javax.jdo.option.ConnectionDriverName</name>
 <value>com.mysql.jdbc.Driver</value>
  <description>JDBC connect string for a JDBC metastore</description>
</property>
<property>
 <name>javax.jdo.option.ConnectionDriverName</name>
 <value>com.mysql.jdbc.Driver</value>
  <description>Driver class name for a JDBC metastore</description>
</property>
<property>
 <name>javax.jdo.option.ConnectionUserName</name>
 <value>root</value>
  <description>username to use against metastore database</description>
</property>
 <property>
 <name>javax.jdo.option.ConnectionPassword</name>
 <value>root</value>
  <description>password to use against metastore database</description>
</property>
 <property>
 <name>hive.metastore.schema.verificatio</name>
 <value>false</value>
```

```
        </property>
</configuration>
```

3）MySQL 初始化

命令如下：

```
$ schematool -initSchema -dbType mysql
```

4）启动 Hive

命令如下：

```
root@master192 src]# cd hive
[root@master192 hive]# ./bin/hive
```

正常启动后，显示效果如图 6-8 所示。

```
[root@master192 hive]# ./bin/hive

Logging initialized using configuration in jar:file:/usr/local/src/hive/lib/hive
-common-1.2.2.jar!/hive-log4j.properties
SLF4J: Class path contains multiple SLF4J bindings.
SLF4J: Found binding in [jar:file:/usr/local/src/hadoop/share/hadoop/common/lib/
slf4j-log4j12-1.7.5.jar!/org/slf4j/impl/StaticLoggerBinder.class]
SLF4J: Found binding in [jar:file:/usr/local/src/hbase/lib/slf4j-log4j12-1.7.7.j
ar!/org/slf4j/impl/StaticLoggerBinder.class]
SLF4J: See http://www.slf4j.org/codes.html#multiple_bindings for an explanation.
SLF4J: Actual binding is of type [org.slf4j.impl.Log4jLoggerFactory]
hive>
```

图 6-8 正常启动后显示效果

6.3 Hive 基本操作

6.3.1 Hive 数据类型

Hive 的数据类型大约可分为两大类，一类是基础类型，另一类为复杂类型，下面通过两张表来说明两者的区别，表 6-2 为基础类型数据，表 6-3 为复杂类型数据。

表 6-2 Hive 基础类型数据

类型	描述	示例
TINYINT	1 个字节（8 位）有符号整数	$-128 \sim 127$ 中任一值
SMALLINT	2 个字节（16 位）有符号整数	$-32768 \sim 32767$ 中任一值
INT	4 个字节（32 位）有符号整数	$-2^{31} \sim 2^{31}-1$ 中任一值
BIGINT	8 个字节（64 位）有符号整数	$-2^{63} \sim 2^{63}-1$ 中任一值
FLOAT	4 个字节（32 位）单精度浮点数	1.0
DOUBLE	8 个字节（64 位）双精度浮点数	1.0
BOOLEAN	布尔类型	true/false
STRING	字符串，可以指定字符集	"xmu"
TIMESTAMP	整数、浮点数或者字符串	精度到纳秒的时间戳
BINARY	字节数组	[0, 1, 0, 0, 0, 1]

表 6-3 Hive 复杂类型数据

类型	描述	示例
ARRAY	一组有序字段，字段的类型必须相同	Array(1,2)
MAP	一组无序的键/值对，键的类型必须是原子的，值可以是任何数据类型，同一个映射的键和值的类型必须相同	Map("id1": "11111", "id2": "22222")
STRUCT	一组命名的字段，字段类型可以不同	struct('math',90,'english',80)

Hive 的数据类型多数对应 Java 中相应数据类型。Hive 的原子数据类型是可以进行隐式转换的，类似于 Java 的类型转换。

隐式类型转换规则如下：

➢ 任何整数类型都可以隐式地转换为一个范围更广的类型，如 TINYINT 可以转换成 INT，INT 可以转换成 BIGINT。

➢ 所有整数类型、FLOAT 类型和 STRING 类型都可以隐式地转换成 DOUBLE 类型。

➢ TINYINT 类型、SMALLINT 类型、INT 类型都可以转换为 FLOAT 类型。

➢ BOOLEAN 类型不可以转换为其它的数据类型。

可使用 CAST 操作实现数据类型转换，例如 CAST('1' AS INT)将把字符串'1'转换成整数 1；如果强制类型转换失败，如执行 CAST('X' AS INT)，表达式返回 NULL。

6.3.2 数据库操作

Hive 作为一个"数据库"，在结构上积极向传统数据库看齐，每个数据库下面包含若干个表。Hive 可以定义数据库和数据表来分析结构化数据，下面就数据库的相关操作进行介绍。

6.3.2.1 创建数据库

语法格式：

```
CREATE (DATABASE|SCHEMA) [IF NOT EXISTS] database_name
  [COMMENT database_comment]
  [LOCATION hdfs_path]//默认在仓库根目录
  [WITH DBPROPERTIES (property_name=property_value, ...)];
```

使用说明：

➢ DATABASE|SCHEMA：在所有的数据库的相关命令里面，DATABASE 都可以被替换成 SCHEMA。

➢ If NOT EXISTS：当数据库不存在时创建。

➢ COMMENT：对所创建的数据库添加注释说明。

➢ LOCATION：设定数据的存储位置。Hive 数据是存储在 HDFS 上的默认根目录，在 hive-site.xml 中，由参数 hive.metastore.warehouse.dir 指定，默认值为/user/hive/warehouse。

➢ WITH：为数据库增加一些和其相关的键值对属性信息，例如创建的时间、作者等。

例如创建学生信息库 student，代码如下：

```
hive> create database student;
```

6.3.2.2 显示数据库

语法格式：

```
show databases;
```

使用说明：可查看当前所有数据库，在不指定要进行操作的数据库的情况下，系统将所有操作都放在 default 数据库下。

示例代码：

① 显示当前所有数据库名称：

```
hive> show databases;
```

② 显示以 stu 开头的数据库名称：

```
hive> show databases like 'stu%';
```

6.3.2.3 查看数据库结构

语法格式：

```
DESCRIBE DATABASE [EXTENDED] database_name
```

使用说明：EXTENDED 会显示在创建数据库时增加的键值对属性信息，不使用则不包含；DESCRIBE 可简写为 desc。

示例代码：

```
hive> desc database student;
```

6.3.2.4 切换数据库

语法格式：

```
USE database_name;
```

示例代码：

```
hive> use student;
```

6.3.2.5 修改数据库

语法格式:

```
ALTER (DATABASE|SCHEMA) database_name SET LOCATION hdfs_path;
```

使用说明:
➢ hive 不支持对数据库元数据信息的修改,只能修改数据库的键值对属性值,数据库名和数据库所在的目录位置不能修改。
➢ SET: 此属性适用于 Hive2.2.1、Hive2.4.0 和以后的版本。

示例: 修改数据库 student 的 author 属性值为 xiaowei,其他值不能修改,代码如下:

```
hive> alter database student set dbproperties('author'='xianwei');
```

6.3.2.6 删除数据库

语法格式:

```
DROP (DATABASE|SCHEMA) [IF EXISTS] database_name [RESTRICT|CASCADE];
```

使用说明:
➢ Restrict: 该参数表示在执行数据库删除时,数据库中不允许含有数据表,即用户在删除数据库的时候,必须先删除数据库中所有的表,然后再删除数据库。
➢ cascade: 添加该参数,Hive 自动先删除数据库中所有的表,再删除数据库。

示例: student 数据库中有一个表 info,要求删除 student 数据库,在使用 drop 命令时如果不设置 cascade 参数,默认为 restrict 参数,所以先要删除数据库中所存在的数据表。操作如下。
① 方法一: restrict 默认参数。

```
hive> use student;
hive> drop table info;
hive> drop database student;
```

② 方法二: 设置 cascade 参数。

```
hive> drop database student cascade;
```

6.3.3 内部表操作

Hive 表操作主要是数据表的创建和修改。下面先讲解关于表的创建方法。

6.3.3.1 创建数据表

语法格式:

```
CREATE [EXTERNAL] TABLE [IF NOT EXISTS]    table_name
 [(col_name   data_type   [COMMENT col_comment], ...)]
 [COMMENT   table_comment]
 [PARTITIONED BY(col_name data_type [COMMENT col_comment], ...)]
 [CLUSTERED BY (col_name, col_name, ...)
 [SORTED BY(col_name [ASC|DESC], ...)] INTO num_buckets BUCKETS]
 [ROW FORMAT row_format]
 [STORED AS file_format]
 [LOCATION hdfs_path]
```

使用说明：

➢ **CREATE TABLE**：创建数据表。如果相同名字的表已经存在，则抛出异常。

➢ **EXTERNAL**：创建外部表，默认为创建内部表（管理表），外部表在创建时须指定实际数据的存储路径（即设置 LOCATION 属性），内部表创建无须指定数据存储路径，会自动将数据移动到数据仓库指向的默认路径。

➢ **IF NOT EXISTS**：判断表名是否存在，不能判断表结构是否一致，创建数据表时指定的数据表名称如果已经存在，将不能创建新表，此时可设置 IF NOT EXISTS 选项来忽略这个异常。

➢ **data_type**：hive 中属性的类型，主要有 primitive_type,array_type,map_type,struct_type, union_type，具体说明如下：

```
array_type:    ARRAY < data_type >
map_type:      MAP < primitive_type, data_type >
struct_type:   STRUCT < col_name : data_type [COMMENT col_comment], ...>
union_type:    UNIONTYPE < data_type, data_type, ... >
```

其中，union 类似 C 语言中的 union，每一个 union 单元的值只解析成后面所有类型中的一种。

➢ **COMMENT**：该参数后的字符串是给数据表的字段或者数据表的内容添加注释说明，它对表之间的计算没有影响，添加这个属性是为了后期的有效维护。

➢ **PARTITIONED BY**：用于创建分区表，创建分区表时在表里新增加一个字段，作为分区的名字，对表进行数据分析操作时，可以按分区字段进行过滤。

➢ **ROW FORMAT**：指定表存储中各列的划分格式，默认是逗号分隔符。如果指定表的分隔符，通常后面要与以下关键字连用：

① FIELDS TERMINATED BY ',' //指定每行中字段分隔符为逗号；

② LINES TERMINATED BY '\n' //指定行分隔符；

③ COLLECTION ITEMS TERMINATED BY ',' //指定集合中元素之间的分隔符；

④ MAP KEYS TERMINATED BY ':' //指定数据中 Map 类型 Key 与 Value 之间的分隔符。

➢ **STORED AS**：指定表在 HDFS 上的文件存储格式。如果文件数据是纯文本，可以使用 STORED AS TEXTFILE；如果数据需要压缩存储，使用 STORED AS SEQUENCEFILE。这里可选的文件存储格式主要有：

① TEXTFILE //文本，默认值；

② SEQUENCEFILE // 二进制序列文件；
③ RCFILE //列式存储格式文件，Hive0.6 以后开始支持；
④ ORC //列式存储格式文件，比 RCFILE 有更高压缩比和读写效率，Hive0.11 后支持；
⑤ PARQUET //列出存储格式文件，Hive0.13 以后开始支持。

➢ CLUSTERED BY：对于每一个表（table）或者分区，Hive 可以进一步组织成桶，桶是更细粒度的数据范围划分。Hive 也采用对指定列进行哈希计算的方法，针对某一列进行桶的组织，然后根据 hash 值除以桶的个数进行求余的方式决定该条记录存放在哪个桶当中。

➢ LOCATION：指定表在 HDFS 上的存储位置，一般管理表（内部表）会使用默认路径；外部表则需要直接指定一个路径，不指定也会使用默认路径。

由于 create table 创建的表类型有多种，本节以内部表的简单创建作为内容，来说明数据表的相关基本操作。

例如创建数据表 info，包含字段 id(int), name(string)，示例代码如下：

```
hive>create table info(id int, name string)
```

6.3.3.2 显示数据表

（1）查看表

显示当前数据库下的所有数据表名称：

```
hive> show tables;
```

显示以 info 开头的所有数据表：

```
hive> show tables info*;
```

（2）查看表结构

查看当前数据库中的 info 表的结构，代码如下：

```
hive> desc info;
```

（3）查看表的类型

查看表的结构化数据，如表类型信息、存储位置等，但并不列出表中的数据，比 DESCRIBE 显示的信息多。

显示 info 表的结构信息，示例代码如下：

```
hive > desc formatted student2;
```

6.3.3.3 修改数据表

Alter table 语句允许用户改变现有表的结构。用户可以增加列/分区，改变字段，增加表和字段,下面讲解常用的几种命令。

(1) 改变表名称

语法格式:

```
ALTER TABLE table_name RENAME TO new_table_name ;
```

将数据表 info 重新命名为 new_info,示例代码:

```
hive > alter table info rename to new_info ;
```

(2) 修改表属性

语法格式:

```
ALTER TABLE table_name SET TBLPROPERTIES (property_name =property_value,
property_name = property_value,... )
```

这个命令修改表的相关属性,注意表的存储目录等信息不可修改。

修改 info 的属性 author 值为 xiaoliu,示例代码:

```
hive > alter table info set tblproperties('author'='xiaoliu');
```

(3) 修改表注释

语法格式:

```
ALTER TABLE table_name SET TBLPROPERTIES('comment' = new_comment);
```

示例代码:

```
hive > alter table info set tblproperties('comment'='xiaoliu');
```

(4) 添加列字段

语法格式:

```
ALTER TABLE table_name ADD|REPLACE
COLUMNS (col_name data_type [COMMENT col_comment], ...);
```

ADD COLUMNS 允许用户在当前列的末尾增加新的列,但是新列增加在分区列之前。

将 id 列名字改为 sid,id 列的数据类型不变,将它放置在数据列 name 之后,示例代码:

```
hive > alter table info change id sid int after name;
```

将 name 列的名字修改为 name1,并将它放在第一列:

```
hive > alter table info change name name1 string first;
```

注意：对列的改变只会修改 Hive 的元数据，而不会改变实际数据。用户应该保证元数据定义和实际数据结构的一致性。

（5）修改列字段

语法格式：

```
ALTER TABLE table_name CHANGE [COLUMN]
  col_old_name col_new_name column_type
    [COMMENT col_comment]
    [FIRST|AFTER column_name];
```

使用说明：关于列字段的修改，可修改名称、类型等信息，在实际应用中由于数据量庞大，表结构极少会进行改变，因此这部分内容了解即可。

6.3.3.4 删除数据表

语法格式：

```
DROP table_name;
```

使用说明：关于表的删除一定要小心，删除一个内部表的同时会删除表的元数据和数据，删除一个外部表，只删除元数据而保留数据。

删除数据表 info，示例代码：

```
hive >drop table info;
```

6.3.3.5 向表插入数据

（1）插入数据

语法格式：

```
INSERT INTO TABLE tablename [PARTITION (partcol1[=val1], partcol2[=val2] ...)] VALUES values_row [, values_row ...];
```

使用说明：向当前数据表的尾部追加一条或多条记录。

通过 insert into 语句在 info 表中插入一条数据，并查询结果，示例代码：

```
hive> insert into info (id,name) values (1,'xiao liu');
```

在 info 表中插入两条记录：

```
hive>insert into info (id,name) values (2,'xiao wang'),(3,'xiaozhang');
```

Insert 插入命令是 SQL 语句中常用的数据插入方式，但在 Hive 的 HQL 语言中，每一条命令执行都需要由 MapReduce 来完成，因此执行速度慢，不是主要的数据加载方式，仅用于少量数据的实验，关于大量数据的加载方式，将在后面章节进行学习。

（2）重写数据操作

语法格式：

```
INSERT OVERWRITE TABLE tablename1 [PARTITION (partcol1=val1, partcol2=val2 ...) [IF NOT EXISTS]] select_statement1 FROM from_statement;
```

使用说明：insert overwrite 操作是直接重写数据，即先删除 hive 表的数据，再执行写入操作。注意，如果 Hive 表是分区表的话，insert overwrite 操作只会重写当前分区的数据，不会重写其他分区数据。

示例代码：

```
hive> insert overwrite table test values(4,'zz');
hive> select * from test;
```

6.3.3.6 查询数据命令

语法格式：

```
SELECT [
ALL | DISTINCT] select_expr, select_expr, ...
FROM table_reference [WHERE where_condition] [GROUP BY col_list]
[CLUSTER BY col_list| [DISTRIBUTE BY col_list] [SORT BY col_list]
]
[LIMIT number];
```

使用说明：对数据表中的数据根据条件进行查询。

示例代码：

```
hive> select * from student;
```

6.3.3.7 数据导入

Hive 不支持使用 insert 执行每条语句的插入操作，也不支持 update 操作。数据是从其他表以查询或 load 方式加载到建立好的表中。数据一旦导入，则不可修改。

语法格式：

```
LOAD DATA [LOCAL] INPATH 'filepath' [OVERWRITE] INTO TABLE tablename
[PARTITION (partcol1=val1, partcol2=val2 ...)];
```

使用说明：
- ➤ LOAD DATA：表示加载数据。
- ➤ LOCAL：表示从本地文件系统加载，文件会被复制到 HDFS 中,无该参数表示从 HDFS 中加载数据,即文件本身被移动。
- ➤ OVERWRITE：表示覆盖表中已有数据，否则表示追加数据，即 APPEND。如果加载相同文件名的文件，会被自动重命名。
- ➤ INPATH：表示加载数据的存储路径。
- ➤ filepath：可以是一个文件也可以是目录，当指定 LOCAL，则 load 命令在本地查找 filepath。如果 filepath 是相对路径，则相对于当前路径，也可以指定一个 url 或本地文件，如 file:///user/hive/data1；如没有指定LOCAL，则 Hive 会使用全路径url，url 中如没有制定 schema，则默认使用 fs.default.name 值；如果设置的路径不是绝对路径，则设置的路径相对于 /user/<username>路径建立。
- ➤ INTO TABLE tablename：tablename 为要加载的数据表名称。
- ➤ PARTITION：表示上传数据到指定的分区中。

示例代码：加载本地文件到 Hive 中 default 数据库中的 student 表中：

```
hive > load data local inpath '/usr/local/src/datas/student.txt' into table default.student;
```

加载 HDFS 文件到 Hive 中，上传/usr/local/src/datas/stu.txt 到 HDFS 上：

```
hive > dfs -put /usr/local/src/datas/stu.txt /user/hive/warehouse
```

加载 HDFS 上的数据到 Hive 表 info1：

```
hive>load data inpath '/user/hive/warehouse/student.txt' into table student.info1;
```

上传文件到 HDFS：

```
hive> dfs -put /usr/local/src/datas/student.txt /user/atguigu/hive;
```

加载数据覆盖表中已有的数据：

```
hive>load data inpath '/user/atguigu/hive/student.txt' overwrite into table student.info2;
```

在数据加载过程中，如果加载后的数据列出现 NULL 的情况，一般来说是因为创建表的语句使用了 Hive 默认的 SerDe 存储格式，即序列化存储，默认是以'\001'作为字段分隔符，而本地文件的列与列之间是以'\t'作为分隔符，所以文件中两列被当作一个字段了。要去除 NULL 列，可以修改数据表的字段分隔符，使用如下语句：

```
hive> alter table info1 set SERDEPROPERTIES('field.delim'='\t');
```

6.3.3.8 数据导出

通过以下步骤实现数据的 insert 导出。

① 查询的结果导出到本地：

```
hive> insert overwrite local directory '/usr/local/src/datas/export/ student'
select * from student;
```

② 查询的结果格式化导出到本地：

```
hive> insert overwrite local directory '/usr/local/src/datas/export/ student1'
ROW FORMAT DELIMITED FIELDS TERMINATED BY '\t'
COLLECTION ITEMS TERMINATED BY '\n'
select * from student;
```

③ 查询的结果导出到 HDFS 上(不使用 local 参数)：

```
hive> insert overwrite directory '/user/atguigu/hive/warehouse/student2'
ROW FORMAT DELIMITED FIELDS TERMINATED BY '\t'
COLLECTION ITEMS TERMINATED BY '\n'
 select * from student;
```

④ 通过以下命令实现使用 Hadoop 命令导出数据到本地：

```
hive> dfs -get /user/hive/warehouse/student/month=201709/000000_0
/usr/local/src/datas/export/student3.txt;
```

⑤ 通过以下命令实现使用 Hive shell 命令导出数据：

```
$ bin/hive -e 'select * from default.student;' > /usr/local/src/datas/
export/student4.txt;
```

⑥ 通过以下命令实现使用 Export 导出到 HDFS 上：

```
hive> export table default.student to '/user/hive/warehouse/export/ student';
```

Hive 中所有的数据都存储在 HDFS 中，没有专门的数据存储格式（可支持 Text、SequenceFile、ParquetFile、RCFILE 等），而是采用了数据模型来分层存储数据：数据库简称 DB，数据内部表简称 Table，数据外部表简称 ExternalTable，分区表简称 Partition，分桶表简称 Bucket。

- DB：在 HDFS 中表现为${hive.metastore.warehouse.dir}目录下一个文件夹。
- table：在 HDFS 中表现为所属 DB 目录下一个文件夹。
- external table：与 table 类似，不过其数据存放位置可以在任意指定路径下。
- partition：在 HDFS 中表现为 table 目录下的子目录。
- bucket：在 HDFS 中表现为同一个表目录下根据 hash 定位之后的多个文件。

6.3.4 外部表操作

在 Hive 中未被 external 修饰的是内部表（managed table），被 external 修饰的为外部表（external table），两者存在着以下区别：
- 内部表数据由 Hive 自身管理，外部表数据由 HDFS 管理。
- 内部表数据存储的位置是 hive.metastore.warehouse.dir（默认：/user/hive/warehouse），外部表数据的存储位置由用户制定。
- 删除内部表会直接删除元数据（metadata）及存储数据，删除外部表仅仅会删除元数据，HDFS 上的文件并不会被删除。
- 对内部表的修改会将修改内容直接同步到元数据中，而对外部表的表结构和分区进行修改，则需要修复（MSCK REPAIR TABLE table_name;）。

下面通过一个具体的任务来说明直接创建表的整个过程。首先要创建外部表，创建的脚本如下：

```
hive>create external table if not exists info4(id int, name string)
row format delimited fields terminated by '\t'
stored as textfile;
```

外部表创建成功后，只需要导入数据到表中，外部表的数据导入与加载与上节内部表操作相同，不再进行赘述，关于外部表详细描绘，可通过 desc formatted info4 命令来进行结构查询。

6.3.5 分区表操作

对于大型数据处理系统而言，比如以 Hive 管理大型网站的浏览日志，如果日志数据表不采用分区设计，那么就单日网站流量分析这样的需求而言，Hive 就必然要通过遍历全量日志来完成查询。以一年日志为全量，单日查询的数据利用率将不到 1%，这样的设计基本上将查询时间浪费在了数据加载中。

分区优势在于利用维度分割数据。使用分区维度查询时，Hive 只需加载少量数据，极大缩短数据加载时间。上述例子中，如以日期为维度设计日志数据表分区，对于自选日期范围的查询需求，Hive 就只需加载日期范围所对应的分区数据。

由于 HDFS 的设计目标是用于存储大型数据文件而非海量碎片文件，理想的分区方案不应该导致过多的分区文件，并且每个目录下的文件尽量超过 HDFS 块大小的若干倍。按每天的日志作为粒度进行分区就是一个好的分区策略，随着时间推移，分区数量增长均匀可控。

此外常用的分区方式还有地域、语言种类等。关于分区维度的选择，应尽量选取那些量少的数据集作为分区，例如国家、省是一个良好的分区，而城市就可能不适合进行分区。

注意：分区是数据表中的一个列名，但是这个列并不占有表的实际存储空间，它作为一个虚拟数据列而存在，只需要在之前的创建表命令后面使用 partition by 加上分区字段就可以。

6.3.5.1 创建分区表

例：在学生数据库 student 中创建一个分区表 info（即学生信息表），以日期作为分区列，操作步骤如下。

1）创建表 info5

```
hive>create table info5 (
id int comment 'ID',
 name string comment 'name'
) partitioned by (dt date comment 'create time')
row format delimited
fields terminated by '\t';
```

2）准备文本数据

在/usr/local/src 目录下创建文件夹 datas，用于存放文本数据，在 datas 中创建 TEXTFILE 类型文本文件 stu.txt。

```
1    zhangsan
2    lisi
3    wangwu
4    sunliu
5    zhanqi
6    liubai
......
```

3）导入数据

将准备的本地文件/usr/local/src/datas/stu.txt 加载到 info 表中：

```
 hive> load data local inpath '/usr/local/src/datas/stu.txt' into table info partition(dt='2015-12-12');
```

4）查询数据

```
        hive> select * from tblName where dt='2015-12-13';
```

在上面的命令中，分区相当于 where 的一个条件。

6.3.5.2 手动创建分区表

创建表之后，可以手动添加分区列，命令如下：

```
hive>alter table info6 add partition(dt='2015-12-13');
```

6.3.5.3 创建多个分区

创建多个分区可以进行多层次细粒度的数据分类,命令如下。

```
hive>create table info7 (
 id int comment 'ID',
 name string comment 'name'
) partitioned by (year int comment 'admission year', school string comment 'school name')
 row format delimited
 fields terminated by '\t';
```

同单个分区类似,也可以从 HDFS 上引用数据,具体命令如下:

```
hive>alter table tblName partition(year='2015', school='crxy') set location hdfs_uri;
```

注意:必须使用现有的分区和 HDFS 绝对路径。

6.3.5.4 修改分区表

语法格式:

```
ALTER TABLE table_name ADD
  partition_spec [ LOCATION 'location1' ]
  partition_spec [ LOCATION 'location2' ] ...
partition_spec:
  : PARTITION (partition_col = partition_col_value,
      partition_col = partiton_col_value, ...)
```

使用说明:Add Partitions 语法作用,是用户可以用 ALTER TABLE ADD PARTITION 向表中增加分区。注意命令中的当前分区名,如果是字符串需要加引号。

```
hive>create table info7 (
id int comment 'ID', name string comment 'name')
 partitioned by (year int comment 'admission year', school string comment 'school name')
 row format delimited
 fields terminated by '\t';
```

增加一个新分区 info7,命令如下:

```
hive> alter table info7 add
    partition (dt='2008-08-08', country='us')
```

```
    location '/path/to/us/part080808'
    partition (dt='2008-08-09', country='us')
    location '/path/to/us/part080809';
```

6.3.5.5 查看分区

语法格式：

```
                SHOW PARTITIONS table_name;
```

查看分区表有哪些分区，命令如下：

```
                hive>show partitions info7;
```

6.3.5.6 删除分区

语法格式：

```
ALTER TABLE table_name DROP partition_spec, partition_spec,...
hive>alter table info6 drop partition (dt='2008-08-08');
```

6.3.5.7 查看分区内容

语法格式：

```
SELECT [ALL | DISTINCT] select_expr, select_expr, ...
FROM table_reference
[WHERE where_condition]
[LIMIT number]
hive>select student.info6 from invites student where student.dt='2008-08-15';
```

查看有限行内容，用 limit 关键词：

```
hive>select student.info6 from invites student limit 3;
```

6.3.5.8 查看表分区定义

语法格式：

```
DESCRIBE EXTENDED table_name partition_spec, partition_spec,...
hive>describe extended info6 partition (dt='2008-08-08');
```

6.3.6 分桶表操作

分区针对的是数据的存储路径,分桶针对的是数据文件。分区提供一个隔离数据和优化查询的便利方式。不过,并非所有的数据集都可形成合理的分区。

分桶是将数据集分解成更容易管理的若干部分的一个技术。桶表是对数据进行哈希取值,然后放到不同文件中存储,桶是通过对指定列进行哈希计算来实现的,根据哈希值将一个列名下的数据切分为一组桶,并使每个桶对应于该列名下的一个存储文件。创建桶表的方法:

```
create table tblName_bucket(id int) clustered by (id) into x buckets;
```

使用说明:
➢ clustered by:根据指定的字段将数据分到不同的桶。
➢ into x buckets:分成 x 个桶。

6.3.6.1 创建分桶表

```
create table stu_buck(id int, name string)
clustered by(id)
into 4 buckets
row format delimited fields terminated by '\t';
```

6.3.6.2 准备文本数据

在/usr/local/src 目录下创建文件夹 datas,用于存放文本数据,在 datas 中创建 TEXTFILE 类型文本文件 stu.txt。

```
zhangsan
lisi
wangwu
sunliu
zhanqi
liubai
xiaofeng
daliu
minglin
lili
feifei
xiaoyu
```

6.3.6.3 导入数据

创建分桶表时,桶表数据加载不能使用 load data 方式(可自行实验观察效果),需要从别的表来引用,数据通过子查询的方式导入(insert into table stu_buck select * from stu;),具体操作过程如下。

① 先建一个普通的 stu 表：

```
hive> create table stu(id int, name string)row format delimitedfields terminated by '\t';
```

② 向普通的 stu 表中利用 load data 方式导入数据：

```
hive> load data local inpath '/opt/module/datas/student.txt' into table stu;
```

③ 通过子查询的方式导入数据到分桶表：

```
hive> insert into table stu_buck select id, name from stu cluster by(id);
hive>alter table tblName partition(year='2015', school='crxy') set location hdfs_uri;
```

6.3.6.4 查询数据

查询 stu_buck 表中数据的操作命令：

```
hive> select * from stu_buck;
```

① 当查询显示结果中只有一个分桶数据时,需要在 select 前添加二个属性设置,代码如下。

```
hive > set hive.enforce.bucketing=true;
hive > set mapreduce.job.reduces=-1;
hive > insert into table stu_buck select id, name from stu cluster by(id);
hive>alter table tblName partition(year='2015', school='crxy') set location hdfs_uri;
```

② 再次查询分桶的数据，将显示所有数据：

```
hive > select * from stu_buck;
```

分桶表的主要作用在于二点：一是用于数据抽样；二是提高某些查询效率。在插入数据之前需要先设置开启桶操作，clustered by 和 sorted by 不会影响数据的导入，因此用户必须自己负责数据如何导入，包括数据的分桶和排序。set hive.enforce.bucketing = true 可以自动控制上一轮 reduce 的数量，从而适配 bucket 的个数，当然，用户也可以自主设置 mapred.reduce.tasks 去适配 bucket 个数，推荐使用 set hive.enforce.bucketing = true。

6.3.7 Hive 数据操作

语法格式：

```
SELECT [ALL | DISTINCT] select_expr, select_expr, ...
FROM table_reference
[WHERE where_condition]
[GROUP BY col_list]
[ORDER BY col_list]
[CLUSTER BY col_list
| [DISTRIBUTE BY col_list] [SORT BY col_list]
]
[LIMIT number];
```

使用说明：查询数据的语句用法与 SQL 类似，在此只做小总结，不再详细讲解。关于 Hive 中的数据查询，一般可分为几大类。

6.3.7.1 基本查询（select...from）

① 查询表中全部数据：

```
hive > select * from emp;
```

② 查询表中部分列数据：

```
hive > select empno, ename from emp;
```

6.3.7.2 Where 子句

使用 Where 子句，将不满足条件的行过滤掉，WHERE 子句紧随 from 子句。
① 查询工资额大于 1000 的所有员工：

```
hive > select * from emp where sal >1000;
```

② 查询工资额在 500～1000 的员工信息：

```
hive > select * from emp where sal between 500 and 1000;
```

③ 查找工资额以 2 开头的员工信息：

```
hive > select * from emp where sal LIKE '2%';
```

6.3.7.3 分组

分组查询主要有 Group By 语句和 Having 语句，GROUP BY 语句通常会和聚合函数一起使用，按照一个或者多个列的结果进行分组。

示例代码：计算 emp 表中每个部门的平均工资：

```
hive >select t.deptno, avg(t.sal) avg_sal from emp t group by  t.deptno;
```

where 后面不能写分组函数，而 having 后面可以使用分组函数：

```
hive > select deptno, avg(sal) avg_sal from emp group by deptno
having avg_sal > 2000;
```

6.3.7.4 多表连接查询

多表连接查询分为笛卡尔积查询、内连接查询、外连接查询等多种方式。
根据员工表和部门表中的编号相等，查询员工编号、名称和部门编号。

```
 hive > select e.empno, e.ename, d.deptno, d.dname from emp e join deptd
on e.deptno = d.deptno;
```

6.3.7.5 排序

关于数据的排序方式有多种，下面简单说明常用的几种方式。

1) 全局排序（order by）

在使用一个 MapReduce 的状况下，实现全局排序时，ASC 表示升序方式（默认），DESC 表示降序方式。

查询员工信息（按工资升序排列）的代码如下：

```
 hive > select * from emp order by sal;
```

在每个 MapReduce 内部进行排序，设置 reduce 个数的代码如下：

```
 hive > set mapreduce.job.reduces=3;
```

查看当前所设置的 reduce 个数代码如下：

```
 hive > set mapreduce.job.reduces;
```

根据部门编号降序查看员工信息的代码如下：

```
 hive > select * from emp sort by empno desc;
```

将查询结果导入到文件中（按照部门编号降序排序）的代码如下：

```
 hive > insert overwrite local directory  '/opt/module/datas/sortby-result'
 select * from emp sort by deptno desc;
```

```
hive>alter table tblName partition(year='2015', school='crxy') set
location hdfs_uri;
```

2）分区排序（distribute by）

分区排序类似 MapReduce 中 partition，注意，Hive 要求将 DISTRIBUTE BY 语句写在 SORT BY 语句之前。先按照部门编号分区，再按照员工编号降序排序。

```
hive > set mapreduce.job.reduces=3;
hive > insert overwrite local directory '/opt/module/datas/distribute-
result' select *
from emp distribute by deptno sort by empno desc;
```

3）cluster by 排序

当 distribute by 和 sorts by 字段相同时，可以使用 cluster by 方式。cluster by 除了具有 distribute by 的功能外还兼具 sort by 的功能，但是排序只能是倒序排序，不能指定排序规则为 ASC 或者 DESC。以下两种写法等价：

```
select * from emp cluster by deptno;
select * from emp distribute by deptno sort by deptno;
```

注意：按照部门编号分区，不一定就是固定数值，20 号部门和 30 号部门可能会分到相同分区里。

6.3.7.6 分桶及抽样查询

对于非常大的数据集，有时用户需要使用的是一个具有代表性的查询结果而不是全部结果。Hive 可以通过对表进行抽样来满足这个需求。

例如查询表 stu_buck 中数据代码如下：

```
hive > select * from stu_buck tablesample(bucket 1 out of 4 on id);
```

tablesample 是抽样语句，语法格式为 TABLESAMPLE(BUCKET x OUT OF y)，y 必须是数据表中所有 bucket 个数的倍数或者因子，hive 根据 y 的大小决定抽样的比例。例如，table 总共分了 4 份 bucket，当 y=2 时，表示从 table 中抽取 4/2=2 个 bucket 的数据，当 y=8 时，表示从 table 中抽取 4/8=1/2 个 bucket 的数据。x 表示从哪个 bucket 开始抽取。例如，table 总 bucket 数为 4，tablesample(bucket 4 out of 4)表示从 table 中总共抽取 4/4=1 个 bucket 的数据，并且抽取的是第 4 个 bucket 的数据。

注意：x 的值必须小于或等于 y 的值，否则会产生错误信息如下：

```
FAILED:SemanticException [Error 10061]: Numerator should not be bigger
than denominator in sample clause for table stu_buck
```

Hive 还提供了另外一种按照百分比进行抽样的方式，它基于行数，按照输入路径下的数据块的百分比进行抽样，代码如下：

```
hive > select * from stu tablesample(0.1 percent) ;
```

注意：这种抽样方式不一定适用于所有的文件格式，另外，这种抽样的最小抽样单元是一个 HDFS 数据块，因此，如果表的数据大小小于普通的块大小（128MB）的话，将会返回所有行。

6.4 实现购物用户数据清洗项目

6.4.1 导入数据

6.4.1.1 准备数据集

user.txt 数据集包含了 2017 年 11 月 25 日至 2017 年 12 月 3 日间随机用户的所有行为（行为包括点击、购买、加购、喜欢）。数据集的每一行表示一条用户行为，由用户 ID、商品 ID、商品类目 ID、行为类型和时间戳组成，并以逗号分隔。数据集中每一列的详细描述如表 6-4 所示。

表 6-4 user 数据列描述

字段名称	列名称	说明
useid	用户 ID	整数类型，序列化后的用户 ID
goodid	商品 ID	整数类型，序列化后的商品 ID
category	商品类目 ID	整数类型，序列化后的商品所属类目 ID
behavior	行为类型	字符串，枚举类型，包括 pv、buy、cart、fav
utime	时间戳	行为发生的时间

注意到，用户行为类型共有 4 种，用户行为类型如表 6-5 所示。

表 6-5 用户行为类型

行为类型	说明	行为类型	说明
pv	商品详情页 pv，等价于点击	cart	将商品加入购物车
buy	商品购买	fav	收藏商品

将数据添加到 /usr/local/src/datas/user.txt。

6.4.1.2 创建数据仓库

```
hive> create database userBuyData;
```

6.4.1.3 创建事实表

```
hive>use userBuyData;
hive>create table if not exists userbuy(useid  int, goodid  int,category  int, behavior string,  utime string)
row format delimited fields terminated by '\t'
stored as textfile
location '/usr/local/src/user';
```

向数据表 stu 中导入数据：

```
hive> load data local inpath '/usr/local/src/datas/user.txt' into table userbuy;
```

对导入的数据执行 select 命令进行显示，只获取部分数据，效果如图 6-9 所示。

```
hive> select * from userbuy1;
OK
1       2268318 2520377 pv      1511544070
1       2333346 2520771 pv      1511561733
1       2576651 149192  pv      1511572885
1       3830808 4181361 pv      1511593493
1       4365585 2520377 pv      1511596146
1       4606018 2735466 pv      1511616481
1       230380  411153  pv      1511644942
1       3827899 2920476 pv      1511713473
1       3745169 2891509 pv      1511725471
1       1531036 2920476 pv      1511733732
1       2266567 4145813 pv      1511741471
```

图 6-9 导入数据部分示意图

6.4.2 数据分析

① 分析各个用户购买的商品类别，以挖掘不同用户的购买力，分析结果如图 6-10 所示。

```
hive> select useid,goodid,category from userbuy1 where behavior='buy';
```

```
hive> select useid,goodid,category from userbuy1 where behavior='buy';
OK
100     1603476 2951233
100     2971043 4869428
100     598929  2429887
100     1046201 3002561
100     1606258 4098232
100     4840649 1029459
100     251391  3738615
100     4075065 2881542
1000001 4088463 174239
1000011 3991727 3108044
1000011 404297  2578647
1000002 2976687 772894
1000027 1934938 4718844
1000027 3241094 3548883
1000028 2621260 722945
1000028 1910706 1516409
1000028 863811  3338209
1000028 3947413 634390
1000037 4753136 890050
1000037 3233631 890050
1000037 4753136 890050
```

图 6-10 不同用户购买商品显示数据

② 按 category（商品类目 ID）进行分类，分析浏览量为前 5 个的商品。

```
hive> SELECT category,COUNT(behavior) AS browsing amount
FROM userbuy1  WHERE behavior='pv'
GROUP BY category ORDER BY browsing amount DESC LIMIT 5 ;
```

分析结果如下：

```
3607361      555
4756105      437
4145813      322
2355072      214
982926       195
```

6.4.3 数据导出

复制 buy 表，生成新表 buy1，用于保存导出的查询数据。从表中分析数据，统计数据表 buy 中最受欢迎的前 10 个商品，将统计数据导出到 buy1 表中。代码如下：

```
hive> INSERT OVERWRITE TABLE buy1  SELECT category,COUNT(behavior)   AS
goodbuyingamout FROM  userbuy1 WHERE behavior='buy' GROUP BY category ORDER
BY goodbuyingamout DESC LIMIT 10;
```

显示导出数据：

```
hive> SELECT  *  FROM  buy1 ;
```

显示结果如下。

```
1620537      5
835895       5
965809       4
2640118      3
890050       3
2355072      3
4602841      2
2096639      2
2885642      2
3184456      2
```

同理可实现浏览量前 5 个商品的数据分析结果导出，请自行尝试与体验。

课后练习

某数据源给出一组数据如下。每行数据中各字段用逗号分隔，从左至右依次为用户名、月份和访问次数。

```
User1,2018/6/1,10
User2,2018/6/2,11
User3,2018/6/3,11
User4,2018/6/4,12
User2,2018/6/5,14
User3,2018/6/6,15
User1,2018/6/7,13
User4,2018/6/8,37
User3,2018/6/9,18
User4,2018/6/10,19
User1,2018/6/11,10
User1,2018/6/12,11
User2,2018/6/13,11
User3,2018/6/14,12
User3,2018/6/15,14
```

要求：

（1）按字段创建表 visitor。

（2）导入数据源到表中。

（3）分析每个用户当月累计访问次数和全部用户的当月访问总次数。

（4）结果数据要求输出用户、月份、单用户当月累计访问次数、当月累计访问次数最多的用户、所有用户当月访问次数总和。

第 7 章　HBase 数据库

学习目标

- 掌握 HBase 体系架构
- 理解 HBase 的读写流程
- 掌握 HBase 的安装
- 掌握 HBase shell 操作
- 掌握 HBase API 操作

思维导图

HBase 在大数据技术体系占重要的地位，是一个可靠性高、性能优异、面向列、可伸缩、实时读写的分布式数据库，主要存储非结构化和半结构化的松散数据。本章以安装部署 HBase1.0.2 版本、利用 HBase shell 和 HBase API 对 DDL 和 DML 进行操作为学习重点。

7.1 HBase 认知

7.1.1 HBase 简介

HBase 是 Hadoop Database 的简称，是 Google BigTable 的另一种开源实现方式。HBase 的目标是通过水平扩展的方式，利用廉价计算机集群处理由超过 10 亿行数据和数百万列元素组成的数据表。HBase 为使用大量廉价的机器高速存取海量数据，实现数据的分布式存储提供了可靠的方案。

从功能上来讲，HBase 是一个不折不扣的数据库，与常见的 Oracle、MySQL、MSSQL 等一样，对外提供数据的存储和读取服务。从应用的角度来说，HBase 与一般的数据库又有所区别，HBase 本身的存取接口相当简单，不支持复杂的数据存取，更不支持 SQL 等结构化的查询语言；HBase 也没有 rowkey 以外的索引，所有的数据分布和查询都依赖 rowkey。所以，HBase 具有海量存储、列式存储（列族存储）、极易扩展、高并发、稀疏（列族中可以制定任意多的列，列数据可以为空，并且该情况下不会占用存储空间）等独有的特征，简单说明如下：

➢ 没有真正的索引：行是顺序存储的，每行中的列也是，所以不存在索引膨胀的问题，而且插入性能和表的大小无关。

➢ 自动分区：在表增长的时候，表会自动分裂成区域，并分布到可用的节点上。

➢ 线性扩展和对于新节点的自动处理：增加一个节点，把它指向现有集群并运行 RegionServer，区域自动重新进行平衡，负载均匀分布。

➢ 普通商用硬件支持：集群可用普通的商用机作为单个节点进行搭建，不需要使用昂贵机器作为节点，而 RDBMS 需要支持大量 I/O，因此要求更昂贵的硬件。

➢ 容错：大量节点意味着每个节点的重要性并不突出，不用担心单个节点失效。

➢ 批处理：可用全并行的分布式作业根据"数据的位置"来进行批处理。

目前，HBase 已成为大数据体系中的重要组成部分。

7.1.2 HBase 体系结构

HBase 是一个分布式的架构，需要运行在 HDFS 之上，用 HDFS 实现底层数据存储，从功能上采用主从结构，可分为三大部分：zookeeper 群、HMaster 群和 HRegionServer 群，其具体结构如图 7-1 所示。

下面根据图 7-1 的结构描述，对架构中的各个组成部分进行介绍。

1）zookeeper

负责维护集群的状态，是 HBase 集群中不可缺少的重要部分，主要用于完成存储 Master 地址、协调 Master 和 RegionServer 等上下线、存储临时数据等工作。

2）HMaster

负责 Region 的分配及数据库/表的创建和删除等操作，主要功能有以下方面：

➢ 将 HRegion 分配到某一个 RegionServer。

➢ 当某一台 RegionServer 宕机了，HMaster 可以把这台机器上的 HRegion 迁移到其他 RegionServer 上去。

➢ 实现 HRegionServer 的负载均衡。HMaster 没有单点问题，HBase 中可以启动多个 HMaster，通过 zookeeper 的 Master Election 机制保证总有一个 HMaster 运行。

图 7-1　HBase 架构图（1.0 以后版本）

3）HRegionServer

负责数据的读写服务。每个 RegionServer 由若干个 HRegion 组成，而一个 HRegion 维护了一定区间上 rowkey 值的数据。

4）HRegion

采用表方式存储海量数据。HBase 每一张表中数据量都非常大，单机一般存不下这么多的数据，故 HBase 会将一张表按照行划分为多个 Region，每个 Region 保存表的一段连续数据，初始只有 1 个 Region，当一个 Region 增大到某个阈值后，便分割为两个，因此 HBase 每一张表通常被保存在多个 HRegionServer 的多个 Region 中。而 HRegion 是分布式存储和负载的最小单元，每个 HRegion 由多个 Store 和一个 HLog 构成。

Store 是存储数据的最小单元，每个 Store 保存一个列族（Columns Family），在表中有几个列族，就有几个 Store，每个 Store 由一个 MemStore 和多个 StoreFile 组成，MemStore 是 Store 在内存中的内容，写到文件后就是 StoreFile,而 StoreFile 底层是以 HFile 的格式保存在 HDFS 上。

每一个 HRegion 可能维护一个 HLog(WAL log)，WAL 意为 write ahead log（预写日志），用来作灾难恢复使用。HLog 记录数据的变更，包括序列号和实际数据，所以一旦 RegionServer 宕机，就可以从 HLog 中回滚还没有持久化的数据。

5）HDFS 底层

HBase 的数据最终是以 HFile 的形式存储在 HDFS 中的，HBase 中的 HFile 有着自己的格式。DataNode 负责存储所有 RegionServer 所管理的数据。NameNode 负责维护构成文件的所有物理数据块的元信息（metadata）。

7.1.3　HBase 写数据流程

在大数据应用体系中，HBase 默认适用于数据多次写入而少量读取的应用，正是依赖于它相当出色的写入性能：一个 100 台 RS 的集群可以轻松地支撑每天 10T 的写入量。下面通过一张简图简要说明 HBase 写数据流程操作步骤，如图 7-2 所示。

图 7-2 写数据流程操作

HBase 写操作是由用户发起，将数据存储到 HDFS 上终止。在整个过程中要大约经过 5 个过程。

① Client 首先发送表、列族等信息到 zookeeper 中，找到 Meta 表，并获取 Meta 表元数据。

② zookeeper 将要写入的数据返回给对应的 HRegion 和 HRegionServer 服务器，图 7-2 中假设 Meta 信息存储在 RS1 中。

③ Client 向该 HRegionServer 服务器（RS1）发起写入数据请求。

④ HRegionServer（RS1）收到请求，返回数据给即将存放的 HRegionServer（RS2）。

⑤ Client 将数据写入到 HRegionServer（RS2），RS2 具体操作有以下阶段：

阶段 1：数据写入 HLog 日志文件中，以防止数据丢失；

阶段 2：将数据写入 MemStore 中，并保持有序，如果 HLog 和 Memstore 均写入成功，则这条数据写入成功。当 MemStore 的数据量超过阈值时，将溢出的数据缓冲到磁盘，生成一个 StoreFile 文件。当 Store 中的 StoreFile 数量越来越多，超过阈值时，会触发合并操作（Compact），将若干小 StoreFile 合并为一个大 StoreFile。随着 StoreFile 越来越大，Region 也会越来越大，达到阈值后，会触发 Split 操作，触发 Region 分裂操作，StoreFile 将 Region 分成两个均等的子 Region。

7.1.4 HBase 读数据流程

在 HBase 体系中 HRegionServer 保存着 meta 表及表数据，下面通过图 7-3 来说明一下访问数据表中数据的简要过程。

图 7-3 读流程操作

① Client 首先访问 zookeeper，从 zookeeper 里面获取 meta 表所在的位置信息。

② zookeeper 根据 meta 表的位置信息找到相应的 HRegionServer 服务器（图 7-3 假设为 RS1），将服务器的相关地址信息返回给 Client 端。

③ Client 通过刚才获取到的 HRegionServer 的 IP 地址访问 meta 表所在的 HRegionServer，从而读取到存放数据的 HRegionServer（RS2）的 meta 表元数据。

④ Client 通过元数据中存储的信息，访问对应的 HRegionServer（RS2），然后扫描所在 HRegionServer（RS2）的 Memstore 和 Storefile 来查询数据。根据 NameSpace、表名和 rowkey 在 meta 表中找到对应的 region 信息，根据 region 信息找到 region 对应的 HRegionserve 服务器。在查找 region 信息时，先从 MemStore 中找数据，如果没有，再到 BlockCache 里面找数据，如果 BlockCache 也没有，再到 StoreFile 上读取数据，此种做法是为了提高读取的效率。

⑤ 如果是从 StoreFile 文件中读取到数据，则不直接返回给客户端，而是先写入 BlockCache 以后，再返回给客户端。

⑥ HRegionServer（RS2）将查询到的数据返回给 Client。

7.2 HBase 安装

在应用中 HBase 有单机、伪分布式、完全分布式三种安装模式，下面具体说明每一种安装模式。

- 单机模式：数据文件存在单一的设备上，使用的是该设备的文件系统。
- 伪分布式模式：数据文件存在一台设备构成的 HDFS 上，数据库分主从结构。
- 完全分布式模式：数据文件存在多台设备构成的 HDFS 上，数据库也分主从结构。

7.2.1 下载软件

从功能上来说，HBase 体系采用主从结构方式，使用 HBase 必须先启动 Hadoop 和

zookeeper，用来支持 HDFS 存储数据，将集群中 NameNode 节点的元数据存储在 zookeeper 中。因此要按照 Hadoop、zookeeper、HBase 的顺序进行启动。

7.2.1.1　Hadoop 正常部署

必须要保证 Hadoop 集群的正常安装、部署和启动，本章中其安装位置在目录/usr/local/src 下，名称为 hadoop，具体启动操作如下：

```
[root@master192 src]# cd hadoop
[root@master192 hadoop]# sbin/start-dfs.sh
[root@master192 hadoop]# sbin/start-yarn.sh
```

7.2.1.2　zookeeper 正常部署

必须保证 zookeeper 集群的正常安装、部署和启动，相关内容参看前面的相关章节，本章中其安装位置在目录/usr/local/src 下，名称分别为 zookeeper1、zookeeper2、zookeeper3。具体启动 zookeeper1 操作如下：

```
[root@master192 src]# cd zookeeper1
[root@master192 zookeeper1]# bin/zkServer.sh start
```

同样方式启动 zookeeper2 和 zookeeper3。

7.2.1.3　HBase 安装

从 HBase 官网下载相关版本软件，并解压到/usr/local/src/hbase 目录。
具体操作如下：
① 下载安装包 hbase-1.1.2-bin.tar.gz。
② 解压安装包 hbase-1.1.2-bin.tar.gz 到路径 /usr/local 下：

```
[root@master192 src]# tar -zxvf hbase-1.3.1-bin.tar.gz -C /usr/local/src/
```

7.2.2　伪分布式安装与配置

启动 Hadoop 和 HBase 的顺序是 Hadoop、zookeeper、HBase，其关闭顺序相反。一般来说，建议单机版 HBase 使用自带 zookeeper，集群安装 HBase 则采用单独 zookeeper 集群。本节主要讲解关于伪分布式环境下配置 HBase 文件的内容。

7.2.2.1　hbase-env.sh 修改内容

```
export JAVA_HOME=/opt/module/jdk1.8.0_144
export HBASE_MANAGES_ZK=false
```

7.2.2.2 hbase-site.xml 修改内容

```xml
<configuration>
    <property>
        <name>hbase.rootdir</name>
        <value>hdfs://hadoop102:9000/hbase</value>
    </property>
    <property>
        <name>hbase.cluster.distributed</name>
<value>true</value>
    </property>
        <!--0.98后的新变动,之前版本没有.port,默认端口为60000 -->
    <property>
        <name>hbase.master.port</name>
        <value>16000</value>
    </property>
    <property>
        <name>hbase.zookeeper.quorum</name>
        <value>hadoop102:2181,hadoop103:2181,hadoop104:2181</value>   >
    </property>
    <property>
        <name>hbase.zookeeper.property.dataDir</name>
        <value>/opt/module/zookeeper-3.4.10/zkData</value>
    </property>
</configuration>
```

7.2.2.3 设置 regionservers 属性

确定 RegionServer 服务在本机启动:Localhost。

7.2.2.4 启动 HBase 运行环境

1)启动 Hadoop

进入 Hadoop 文件夹,打开软件后可输入 jps 命令观察已启动的进程名称。

```
[root@master192 hadoop]# ./sbin/start-all.sh
[root@master192 hadoop]# jps
```

当出现下面五个进程显示时,表明 Hadoop 启动成功。

```
17858 NameNode
17970 DataNode
18152 SecondaryNameNode
18411 NodeManager
30717 Jps
```

2)启动 zookeeper

退出 Hadoop 文件夹,打开 zookeeper1 文件夹,启动 zookeeper1 系统:

```
[root@master192 zookeeper1]# ./bin/zkServer.sh start
```

命令执行后可利用 jps 观察,当增加了下面的三个进程时,表明 zookeeper1 启动成功,同理启动 zookeeper2 和 zookeeper3。

```
18845 QuorumPeerMain
18893 QuorumPeerMain
18958 QuorumPeerMain
```

3)启动 HBase

打开 hbase 文件夹,启动 hbase 系统。

```
[root@master192 hbase]# ./bin/start-hbase.sh
```

命令执行后利用 jps 观察,当增加下面两个进程时,表明 HBase 启动成功。

```
19306 HRegionServer
19182 HMaster
```

关闭 HBase 的顺序与开启的顺序正好相反。

第一步:关闭 HBase。

```
[root@master192 hbase]# ./bin/stop-hbase.sh
```

第二步:关闭 zookeeper1、zookeeper2、zookeeper3。

```
[root@master192 zookeeper1]# ./bin/zkServer.sh stop
```

第三步:关闭 Hadoop。

```
[root@master192 hadoop]# ./sbin/stop-all.sh
```

7.3　HBase shell 操作命令

7.3.1　HBase 数据模型

7.3.1.1　认识 HBase 数据模型

HBase 被看作是键值存储数据库、面向列族的数据库,数据的存储结构不同于传统的关系型数据库,是一种结构松散、分布式、多维度、有序映射的持久化存储系统,索引的依据是行键、列键和时间戳。表 7-1 所示为概念示例。

表 7-1 概念示例

rowkey	Time Stamp	cf1	cf2	cf3
20200101	t1	cf1:name=小明		cf3:english=80
20200101	t2		cf2:sid=01	
20200101	t3			cf3:math=70
20200102	t5	cf1:name=小花		cf3:math=80

例如要存储学生信息,信息包含姓名、学号、学科成绩等内容,采用关系型数据库设计需建立两张表,即学生信息表(姓名,学号)、学生成绩表(学号,学科成绩)。现采用 HBase 数据库设计,从表 7-1 可以看出,cf1 表示学生姓名,cf2 表示学号,cf3 表示学生成绩。下面将表 7-1 的所有记录进行排列,如下所示:

```
rowkey      Timestamp(时间戳)    Column Family(列族)
20200101    t1                    cf1:name=小明
20200101    t2                    cf2:sid=01
20200101    t3                    cf3:english=80
20200102    t5                    cf1:name=小花
20200102    t5                    cf3:math=80
```

7.3.1.2 HBase 的概念视图与物理视图

HBase 表在实现物理存盘时,采用列的方式进行存储,其物理视图结构如图 7-4 所示。

从图 7-4 可以看出,HBase 数据存储结构中主要包括表、行、列族、列限定符、单元格和时间戳,其中 rowkey 决定一条数据,列族中以固定格式存储任意数据,时间戳是针对列族中每一个单元格的,具体讲解如下。

表:表的作用将存储在 HBase 的数据组织起来。

行:数据以行的形式存储,每一行数据都会被一个唯一的行键(rowkey)所标识,rowkey 只能存储 64KB 的字节数据,按照字典顺序排序。

列族:行中的数据根据列族分组,由于列族会影响存储在 HBase 中数据的物理布置,所以列族在使用前定义,即在定义表的时候就定义列族,并且不易被修改。上表中的列族有 cf1、cf2、cf3。

列限定符:存储在列族中的数据通过列限定符来寻址,表中的每个列都归属于某个列族,列不需要提前定义,也就是不需要定义

rowkey	Time Stamp	cf1
20200101	t1	cf1:name=小明

rowkey	Time Stamp	cf2
20200101	t2	cf2:sid=01

rowkey	Time Stamp	cf3
20200101	t1	cf3:english=80
	t3	cf3:math=70

rowkey	Time Stamp	cf1
20200102	t5	cf1:name=小花

rowkey	Time Stamp	cf3
20200102	t5	cf3:math=80

图 7-4 HBase 物理结构图

表和列族的时候就定义列，列与列之间也不需要保持一致。列和行键一样没有数据类型，并且在 HBase 存储系统中列也总是被看作一个 byte 数组。上表中的列限定符有 cf1:name、cf2:sid、cf3:math 等，可以看出列名以列族作为前缀，每个"列族"都可以有多个列成员(column)；如 cf3:math,cf3:english,新的列族成员可以在后续操作中按需动态加入，HBase 把同一列族里面的数据存储在同一目录下，由几个文件保存。

单元格：由行键、列族和列可以映射到一个对应的单元格，单元格是 HBase 存储数据的具体地址。在单元格中存储具体数据都是以 Byte 数组的形式存储的，也没有具体的数据类型。由 {rowkey,column(=<family> +<qualifier>), version}参数唯一确定某个单元格。例如上表中的单元格由{20200101，cf1:name=小明，t1}参数确定。

时间戳：时间戳是给单元格值的一个版本号标识，每一个值都会对应一个时间戳，时间戳是和每一个值同时写入 HBase 存储系统中的。在默认情况下，时间戳表示写入数据时的时间，但可以在将数据放入单元格时指定不同的时间戳值。

在 HBase 每个 cell 存储单元对同一份数据有多个版本，根据唯一的时间戳来区分每个版本之间的差异，不同版本的数据按照时间倒序排序，最新的数据版本排在最前面。

时间戳的类型是 64 位整型，可以在数据写入时由 HBase 自动赋值，此时时间戳是精确到毫秒的当前系统时间，也可以由客户显式赋值，如果应用程序要避免数据版本冲突，就必须自己生成具有唯一性的时间戳。

HLog 文件是一个普通的 Hadoop Sequence File，Sequence File 的 Key 是 HLogKey 对象，HLogKey 中记录了写入数据的归属信息，除了 table 和 region 名字，同时还包括 sequence number 和 timestamp，timestamp 是"写入时间"，sequence number 的起始值为 0 或者是最近一次存入文件系统中的 sequence number 值。HLog SequeceFile 的 Value 是 HBase 的 KeyValue 对象，即对应 HFile 中的 KeyValue。

7.3.2 数据表空间操作

在 HBase 中，NameSpace 命名空间用来对表进行分类管理，功能类似于关系型数据库中的 DataBase。

7.3.2.1 创建 NameSpace

语法格式：

```
create_namespace 'ns1', {'PROERTY_NAME'=>'PROPERTY_VALUE'}
```

使用说明：
➢ 本命令用于创建指定名称的命名空间。
➢ ns1 代表某个 NameSpace 的名称。
➢ PROERTY_NAME 表示 NameSpace 属性名称，PROPERTY_VALUE 表示属性值，该项可省略。

示例代码：
① 创建命名空间 student：

```
hbase(main):016:0> create_namespace 'student'
```

② 创建命名空间 student1,并添加属性 user,属性值为 liuming：

```
hbase(main):016:0> create_namespace ' student1',{'user'=>'liuming'}
```

7.3.2.2 显示已创建的所有 NameSpace 名称

语法格式：

```
list_namespace 'ns1'
```

使用说明：显示所有的命名空间。
示例代码：
① 显示当前所有命名空间：

```
hbase> list_namespace
```

② 显示以 stu 开头的所有命名空间：

```
hbase> list_namespace 'stu.*'
```

7.3.2.3 查看 NameSpace 的结构

语法格式：

```
describe_namespace 'ns1'
```

使用说明：查看一个 NameSpace 的详细结构信息。
示例代码：查看 student1 命名空间的结构信息：

```
hbase> describe_namespace 'student1'
```

7.3.2.4 修改/删除 NameSpace 属性

语法格式：

```
alter_namespace 'ns1', {METHOD => 'set', 'PROERTY_NAME' => 'PROPERTY_VALUE'}
alter_namespace 'ns1', {METHOD => 'unset', NAME=>'PROERTY_NAME'}
```

使用说明：上述两种格式中，第一种格式通过 METHOD => 'set'属性来实现添加或者修改 NameSpace 的属性，第二种格式通过 METHOD => 'unset'来实现删除 NameSpace 的属性。

示例代码：
① 为 student 命名空间添加属性 user,属性值为 zhang：

```
hbase> alter_namespace 'student',{METHOD=>'set','user'=>'zhang' }
```

显示 student 的详细结构信息：

```
hbase> describe_namespace 'student'
```

② 删除 student 命名空间中属性 user：

```
hbase> alter_namespace student',{METHOD=>'unset','NAME'=>'user'}
```

③ 显示 student 的详细结构信息：

```
hbase> describe_namespace 'student'
```

7.3.2.5 删除 NameSpace

语法格式：

```
drop_namespace 'ns1'
```

使用说明：
➢ 当 NameSpace 为空时，可以直接删除。
➢ 当 NameSpace 空间下有数据表等信息时，首先要使用 disable 命令使数据表失效，然后删除失效的数据表，最后才能删除命名空间。

示例代码：
① 命名空间 student 为空状态：

```
hbase> drop_namespace 'student'
```

② 命名空间 student1 包括表 info：

```
hbase> disable 'info'
hbase> drop 'info'
hbase> drop-namespace 'student'
```

③ 删除操作完成后，要进行显示，以确认命令是否执行：

```
hbase> list_namespace
```

7.3.3 数据表操作

7.3.3.1 查看表

语法格式：

```
list
```

使用说明：显示表的相关信息。
示例代码：
① 显示当前 NameSpace 的所有表：

```
hbase> list
```

② 显示当前 NameSpace 下以 abc 开头的所有表，注意利用正则匹配所有表，字符串用单引号或双引号都可以，但不能不用。代码如下：

```
hbase> list 'abc.*'
```

③ 显示指定命名空间 ns 下的正则匹配的所有表：

```
hbase> list 'ns:abc.*'
```

④ 显示指定命名空间 ns 下的所有表：

```
hbase> list 'ns:.*'
```

7.3.3.2 创建表

语法格式：

```
create 'ns: table', {NAME => '列族名', VERSIONS =>'版本数量'}
```

使用说明：
➢ ns 表示 NameSpace（命名空间名），table 表示数据表名称。ns:table 表示 ns 空间下的数据表，这样唯一确定了一张表。
➢ NAME 表示列族，=>符号表示等于，NAME =>'f'表示包含名称为 f 的一个列族。
➢ VERSIONS 表示版本号，VERSIONS => 5 表示同时能存储的版本数是 5 个。
➢ 建表时要指定一个列族，也可以指定多个列族，一个列族就是一个大括号，一个大括号中只能指定一个 NAME（变量）。
创建表时可以添加多个设置，下面通过具体命令进行某些常用建表方法和属性的讲解。

① BLOCKSIZE（数据块大小）属性，用来设置数据块大小，默认值是 64KB，数据块越小，索引越大，占用内存也越大。数据块设置得比较大适合顺序的查询，而数据设置比较小适合随机查询。示例代码如下：

```
hbase>create 'stu',{NAME => 'cf',BLOCKSIZE =>'65536'}
```

设置 stu 列族块大小为 64K，默认单位是字节，采用这种细粒度，目的是在块操作时更有效加载和缓存数据，不依赖于 HDFS 块尺寸设计，仅是 HBase 内部的一个属性。

② BLOCKCACHE（数据块缓存）属性，用来配置数据块的缓存功能，如果经常顺序访问或很少被访问，可以关闭列族的缓存。列族缓存默认打开。

```
hbase>create 'stu',{NAME => 'cf',BLOCKCACHE =>'false'}
```

③ IN_MEMORY（激进缓存）属性，用来选择一个列族，赋予其更高的缓存优先级，IN_MEMORY 默认值是 false。示例代码：

```
hbase>create 'stu',{NAME => 'cf',IN_MEMORY =>'true'}
```

④ 指定在 ns1 命名空间下创建表 table1，如果没有指定，则在默认的 default 命名空间下创建表。代码如下：

```
hbase> create 'ns1:table1', {NAME => 'f1', VERSIONS => 5}
```

⑤ 创建表 table1，其包含 f1、f2、f3 等多个列族，一个大括号中只能指定一个 NAME，一个大括号就是一个列族。代码如下：

```
hbase> create 'table1', {NAME => 'f1'}, {NAME => 'f2'}, {NAME => 'f3'}
```

当列族属性为默认时，可进行简写，下面命令是所有列族属性均是默认的：

```
hbase> create 't1', 'f1', 'f2', 'f3'
```

⑥ 建表时可指定列族、版本数、TTL、块缓存：

```
 hbase> create 't1', {NAME => 'f1', VERSIONS => 1, TTL => 2592000, BLOCKCACHE => true}
```

⑦ region 实际上就是表，一个 region 达到一定的大小就会自动分裂成两个 region，在不满足切分条件时可以通过手动方式设置 region 进行强行分裂。下面的命令将 ns1 空间下的 t1 表强行分裂为 4 个 region：

```
hbase> create 'ns1:t1', 'f1', SPLITS => ['10', '20', '30', '40']
```

⑧ 通过读取文件预分区，在任意路径下创建一个保存分区 key 的文件，在 splits.txt 文件中指定 rowkey，路径：/usr/local/src/splits.txt。通过 HBase shell 命令创建表，命令样例：

```
hbase>create 't1', {NAME =>'f1', TTL => 180}, SPLITS_FILE => '/usr/local/src/splits.txt'
```

⑨ hbase 存储数据，根据行键进行排序，有三种排序方式：

➤ HexStringSplit：占用空间大，rowkey 是以十六进制的字符串作为前缀的，使用十六进制字符比较排序。

➤ UniformSplit：占用空间小，rowkey 前缀完全随机，用原始 byte 值排序，即 ASCII 的 256 个字符进行比较。

➤ DecimalStringSplit：rowkey 是十进制数字字符串作为前缀的。

```
hbase> create 't1', 'f1', {NUMREGIONS => 15, SPLITALGO =>'HexStringSplit'}
```

7.3.3.3　描述表结构

语法格式：

```
describe 'table'
```

使用说明：查看表结构，table 表示数据表名称。

describe 命令展示了表的所有属性设置，常用属性设置如下：

```
NAME => 'INFO',                           # 列族名
VERSIONS => '1',                          # 设置保存的版本数

EVICT_BLOCKS_ON_CLOSE => 'false',
NEW_VERSION_BEHAVIOR => 'false',
KEEP_DELETED_CELLS => 'FALSE',            # 是否保留删除的单元格
CACHE_DATA_ON_WRITE => 'false',
DATA_BLOCK_ENCODING => 'NONE',            # 数据块编码方式
TTL => 'FOREVER',                         # 数据过期时间
MIN_VERSIONS => '0',                      #最小存储版本数
REPLICATION_SCOPE => '0',                 # 复制范围,配 HBase 集群, replication
时将该参数设置为 1.
BLOOMFILTER => 'ROW',                     # 布隆过滤器,优化 HBase 的随机读取性能,
                                            可选值 NONE|ROW|ROWCOL, 默认为 NONE,
                                            该参数可以单独对某个列族启用

CACHE_INDEX_ON_WRITE => 'false',
IN_MEMORY => 'false',                     #设置常驻内存,优先考虑将该列族放入块缓
                                            存中,除 meta 表,一般表 IN_MEMORY 通常
                                            为 false

CACHE_BLOOMS_ON_WRITE => 'false',
PREFETCH_BLOCKS_ON_OPEN => 'false',
```

```
    COMPRESSION => 'SNAPPY',              # 设置压缩算法
    BLOCKCACHE => 'true',                 # 数据块缓存属性，是否进行缓存
    BLOCKSIZE => '65536'                  # 设置 HFile 数据块大小（默认 64KB）
```

7.3.3.4 判断表

语法格式：

```
exists 'table'
```

使用说明：查看一个表是否存在当前 NameSpace 下。
示例代码：查看表 t1 是否存在，代码如下：

```
hbase> exists 't1'
```

7.3.3.5 判断表的是否可用

语法格式：

```
is_enabled 'table'
```

使用说明：判断表的状态是否可用。
示例代码：判断表 t1 是否可用：

```
hbase> is_enabled 't1'
```

7.3.3.6 判断表是否失效

语法格式：

```
is_disabled 'table'
```

使用说明：判断表 table 是否失效。
示例代码：判断表 t1 是否失效：

```
hbase> is_disabled 't1'
```

7.3.3.7 禁用满足正则表达式的所有表

语法格式：

```
disable_all
```

使用说明：显示失效的所有表。
示例代码：
① 启用满足正则表达式的所有表 enable_all，匹配以 t 开头的表名：

```
hbase> disable_all 't.*'
```

② 启用满足正则表达式的所有表 enable_all，匹配指定命名空间 ns 下的以 t 开头的所有表：

```
hbase>disable_all 'ns:t.*'
```

③ 启用满足正则表达式的所有表 enable_all，匹配 ns 命名空间下的所有表：

```
hbase>disable_all 'ns:.*'
```

7.3.3.8 修改表结构

语法格式：

```
alter 'table' ,{NAME=><family>},{NAME=><family>,METHOD=>'delete'}
```

使用说明：修改表结构。
示例代码：
① 删除表 t1 中的列族 info：

```
hbase>alter 't1',{NAME=>'info',METHOD=>'delete'}
```

② 修改版本存储个数：

```
hbase>alter 't1' ,{name=>'info', VERSION=>3}
```

注意：凡是要修改表的结构，hbase 规定必须先禁用表，再修改表，最后启动表，否则直接修改会报错，代码如下：

```
disable <table>
alter 操作
enable <table>
```

③ 修改列族的参数信息，如修改列族的版本等，比如数据表 student 中 Grades 列族的 VERSIONS 为 1，实际可能需要保存最近的 3 个版本，可使用如下命令进行修改：

```
hbase>alter 'student', {NAME => 'Grades', VERSIONS => 3}
```

④ 增加列族,需要在 student 表中新增一个列族 hobby,可使用如下命令:

```
hbase>alter 'student', 'hobby'
```

⑤ 删除列族,移除或者删除 student 已有的列族,可使用如下命令:

```
hbase>alter 'student', { NAME => 'hobby', METHOD => 'delete' }
hbase>alter 'student', 'delete' => 'hobby'
```

7.3.3.9 删除表

语法格式:
① 禁用表:

```
disable 'table'
```

② 删除表:

```
drop 'table'
```

使用说明:在 HBase 中表有启用和禁用的状态区分,在删除和修改前需要先禁用,如果是修改,那么完成后需要再启用,禁用命令是 disable 和 disable_all,启用命令是 enable 和 enable_all。

示例代码:删除当前命名空间下的表 t1:

```
hbase>disable 't1'
hbase>drop 't1'
```

7.3.3.10 删除所有表

语法格式:

```
drop_all 'table'
```

使用说明:删除满足正则表达式的所有表。
示例代码:启用正则表达式,删除多个表:

```
hbase>drop_all 't.*'
hbase>drop_all 'ns:t.*'
hbase>drop_all 'ns:.*'
```

7.3.3.11 权限管理

HBase 的权限控制是通过 AccessController Coprocessor 协处理器框架实现的,可实现对用户的 RWXCA 的权限控制,包括以下 5 种权限:

① Read(R) 允许读取权限。
② Write(W) 允许写入权限。
③ Execute(X) 允许执行权限。
④ Create(C) 允许建表、删除表权限。
⑤ Admin(A) 允许管理权限。本节主要讲解相关的 shell 命令用法。

(1) 分配权限。语法格式:

```
grant <user>,<permissions>,<table>,<column family>,<column qualifier>
```

(2) 查看权限。语法格式:

```
use_permission 'table'
```

(3) 收回权限。语法格式:

```
revoke <user>,<table>,<column family>,<column qualifier>
```

7.3.4 数据操作

7.3.4.1 添加数据

语法格式:

```
put 'table' ,'rowkey' ,'family:column' ,'value' ,timestamp
```

使用说明:向表中插入数据。
具体属性说明:
➢ table 属性为表名。
➢ rowkey 属性为行键的名称,为字符串类型。
➢ family:column 属性为列族和列的名称,中间用冒号隔开。列族名必须是已经创建的,否则 HBase 会报错;列名是临时定义的,因此列族里的列是可以随意扩展的。
➢ value 为单元格的值。在 HBase 里,所有数据都是字符串的形式。
➢ timestamp 为时间戳,如果不设置时间戳,则系统会自动插入当前时间为时间戳。
示例代码:
① 在 ns1 命名空间下的 t1 表中添加数据。

```
hbase> put 'ns1:t1', 'r1', 'c1', 'value'
```

② 在 default 下的 t1 表中添加行键、列族和值。

```
hbase> put 't1', 'r1', 'c1', 'value'
```

③ 在 default 下的 t1 表中添加行键、列族、值和时间戳（时间戳是 long 类型的，所以不需要加引号）。

```
hbase> put 't1', 'r1', 'c1', 'value', 1541039459299
```

④ 在 default 下的 t1 表中添加行键、列族、值、可见性标签。

```
Hbase> put 't1', 'r1', 'c1', 'value', ts1, {VISIBILITY=>'PRIVATE|SECRET'}
```

⑤ 在 default 下的 t1 表中添加行键、列族、值。

```
hbase> put 't1', 'r1', 'c1', 'value', {ATTRIBUTES=>{'mykey'=>'myvalue'}}
```

7.3.4.2 用 get 查询数据

语法格式：

```
get 'table' , 'rowkey' ,[ 'family:column' , …]
```

使用说明：向表中查询数据。命令中的属性名称在前面已介绍，不再重复。

示例代码：

① 查询 scores3 中 rk001 行 course:soft 列的值。

```
hbase>get 'scores3' ,'rk001','course:soft'
```

② 查询 scores3 中 rk001 行 course 列族的值。

```
hbase>get 'scores3' ,'rk001','course'
```

③ 查询 scores3 中 rk001 行的值。

```
hbase>get 'scores3' ,'rk001'
```

④ 查询 scores3 中 rk001 行 course 列族的值，版本数为 3。

```
hbase>get 'scores3' ,'rk001' , {COLUMN=>'course', VERSION=>3}
```

⑤ 查询 scores3 中 rk001 行 course 列族的值，版本数为 3，且时间戳为 1517022047098~1517022054593 之间的值。

```
hbase>get'scores3','rk001',{COLUMN=>'course:soft', TIMERANGE =>[1517022047098,
1517022054593], VERSION=>3}
```

⑥ 查询 scores3 中 rk001 行中值是 database 的数据。ValueFilter 属性用于对值进行过滤。

```
hbase>get 'scores3' ,'rk001',{FILTER => "ValueFilter(=,'binary:database')"}
```

⑦ 查询 scores3 中 rk001 行中值含有 a 的数据。

```
hbase>get 'scores3' ,'rk001',{FILTER => "ValueFilter(=,'substring:a')"}
```

7.3.4.3 用 scan 查询数据

语法格式：

```
scan   'table' ,{ COLUMNS=>[<family:column>,......], LIMIT=>num}
```

使用说明：向表中查询数据。命令中的属性名称在前面已介绍，不再重复。
示例代码：
① 扫描整个表。

```
hbase>scan 'scores3'
```

② 限制条件，扫描整个表列族为 course 的数据。

```
hbase>scan 'scores3' , {COLUMN => 'course'}
```

③ 限制时间范围，扫描整个表列族为 course 的数据，同时设置扫描的开始和结束行键，此时包含行键的开始值而不包含行键的结束值。

```
hbase>scan 'scores3',{COLUMN => 'course',STARTROW=>'rk001',ENDROW=>'rk003'}
```

④ 扫描整个表中列族为 course 的数据，同时设置版本为 3。

```
hbase>scan 'scores3' , {COLUMN => 'course' , VERSIONS=3}
```

⑤ 限制查找条数，扫描整个表列族为 course 的数据，查询条数为 10。

```
hbase>scan 'scores3' , {COLUMNS => 'course' , LIMIT => 10}
```

⑥ 对表反向扫描，即倒序扫描整个表。

```
hbase>scan 'scores3', {REVERSED => true}
```

⑦ 多版本扫描。

```
hbase>scan 'stu23:t1', {RAW => true, VERSIONS => 10}
```

⑧ PrefixFilter:rowkey 前缀过滤,基于行键的前缀值进行过滤。

```
hbase>scan 'scores3',{FILTER=>PrefixFilter('rk001') }
hbase>scan 'scores3',{FILTER=>PrefixFilter('t')}
```

⑨ QualifierFilter 即列过滤器，用来匹配列限定符,而不是列的值。

```
hbase>scan 'stu23:t1',{FILTER=>"(QualifierFilter(>=,'binary:soft'))"}
```

⑩ TimestampsFilter 即时间戳过滤器,该过滤器允许针对返回给客户端的时间版本进行更细粒度的控制，使用的时候，可以提供一个返回的时间戳的列表,只有与时间戳匹配的单元才可以返回。

```
hbase>scan 'scores3',{FILTER=> "TimestampsFilter(1448069941270,1548069941230)"}
hbase>scan  'scores3',{FILTER=> " ( QualifierFilter(>=,'binary:b') ) AND
(TimestampsFilter(1348069941270,1548069941270))"  }
```

7.3.4.4 删除数据

语法格式：

```
delete 'table' ,'rowkey' ,'family:column' ,'value' ,'timestamp'
```

使用说明：删除数据。也可以删除行中的某个列值（family:column），命令中的属性名称在前面已介绍。

示例代码：删除 scores3 中 rk001 行中的 course:soft 列的数据：

```
hbase> delete 'scores3','rk001','course:soft'
```

7.3.4.5 删除行

语法格式：

```
deleteall  'table' ,'rowkey' ,'family:column' ,'value' ,'timestamp'
```

使用说明：删除数据。也可以删除行中的某个列值，命令中的属性名称在前面已介绍，不再重复。

示例代码：

① 删除 t1 表中 rowkey 为 r1 的行。

```
hbase> deleteall 't1', 'r1'
```

② 删除 t1 表中 r1 行，且 column 为 c1 的所有数据。

```
hbase> deleteall 't1', 'r1', 'c1'
```

③ 删除 t1 表中 r1 行，c1 列，且时间戳为 ts1 的所有数据。

```
hbase> deleteall 't1', 'r1', 'c1', ts1
```

7.3.4.6 清空表

语法格式：

```
truncate 'table'
```

使用说明：清空表。truncate 表的处理过程：由于 Hadoop 的 HDFS 文件系统不允许直接修改，所以只能先删除表，再重新创建，达到清空表的目的。

示例代码：清空表 t1：

```
hbase>truncate 't1'
```

7.3.4.7 查看记录条数

语法格式：

```
count 'table'
```

使用说明：统计表中总共有多少条数据。

示例代码：统计表 t1 中有多少条数据：

```
hbase>count 't1'
```

7.4 HBase API 操作

HBase 支持很多种访问，本章中主要介绍两种。

➤ HBase shell 方式：即 HBase 的命令行访问方式，适合 HBase 管理使用。
➤ Native Java API：即最常规和高效的访问方式，适合 Hadoop MapReduce Job 并行批处理 HBase 表数据，为本节主要学习内容。

7.4.1 HBase 常用的 API

在使用 Java 操作 HBase 数据库之前，需要配置 hadoop 和 zookeeper，详情见 7.2 节内容。利用 Java API 连接 zookeeper 配置文件 hbase-site.xml，根据 HBase 版本的不同，其连接的具体方法也有所差异，可以查询官方网站(http://hbase.apache.org/)的 Documentation and API 中的相关文档。本章安装 HBase 版本 1.1.2，要理解 HBase Java API 相关核心类与 HBase 数据库、表、数据行的对应关系。表 7-2 显示部分常用 HBase Java API 核心类说明。

表 7-2 部分常用 HBase Java API 核心类说明

HBase Java API 核心类	说明
HBaseConfiguration	对应数据库 DataBase
NamespaceDescriptor	命名空间描述类
HTableDescriptor	表描述类，包含了表的名字及其对应表的列族
HColumnDescriptor	列族描述类，维护着关于列族的信息，例如版本号、压缩设置等。它通常在创建表或者为表添加列族的时候使用。列族被创建后不能直接修改，只能通过删除然后重新创建的方式修改。列族被删除的时候，列族里面的数据也会同时被删除
Put	用来对单个行执行添加操作
Get	用来获取单个行的相关信息
Scan	可以根据 rowkey、cf、column、timestamp、filter 来扫描表获取数据
Result	存储 Get 或者 Scan 操作后获取的表的单行值。使用此类提供的方法可以直接获取值或者各种 Map 结构（key-value 对）

7.4.2 Configuration 对象

HBase Java API 在操作数据库时，首先要创建 HBaseConfiguration 对象，连接到 zookeeper，创建 HBase 的命名空间和表，才能进行数据操作，本节将学习 HBaseConfiguration 对象的相关内容。

利用 HBase Java API 创建一个 Configuration 对象：

```
Configutation conf = HbaseConfiguration.create();
configuration.set("hbase.zookeeper.property.clientPort", "2181");
configuration.set("hbase.zookeeper.quorum", "192.168.1.42");
connection = ConnectionFactory.createConnection(configuration);
admin = connection.getAdmin();
```

用法说明：

① HbaseConfiguration.create()函数，加载 HBase 配置文件属性，默认加载当前类所在根目录下的配置文件 hbase-default.xml，然后加载 hbase-site.xml，后者会覆盖前者中的属性信息，该对象包含了客户端连接 HBase 服务所需的全部信息，如 zookeeper 位置（只有链接到

zookeeper 才能与 hbase 通信，master 仅负责负载均衡等）、zookeeper 连接超时时间、各种配置信息、hbase server zookeeper 访问地址和端口号等。

② hbase.zookeeper.property.clientPort 设置端口号为 2181。

③ hbase.zookeeper.quorum 设置的 IP 地址为 192.168.1.42。

④ HBase 访问一条数据的过程中，需要连接三个不同的服务角色：zookeeper、HBase Master、HBase RegionServer，HBase 客户端的 Connection 包含了对以上三种 socket 连接的封装，在 1.0 以上版本中，ConnectionFactory（连接工厂）用于创建 Connection 连接。

⑤ connection.getAdmin()提供了一个接口来管理 HBase 数据库的表信息。它提供的方法包括创建表、删除表、列出表项、使表有效或无效、添加或删除表列族成员等。

在 HBase 中 Connection 类已经实现了对连接的管理功能，创建连接即实现了一个 DDL 操作器：表管理器 admin。下面通过 NameSpace 的创建和删除介绍两个 HBase Java API 编程任务。

```java
import org.apache.hadoop.conf.Configuration;
import org.apache.hadoop.hbase.*;
import org.apache.hadoop.hbase.client.*;
import java.io.IOException;
public class HbaseDDL2 {
    public static Configuration configuration = null;
    public static Connection connection = null;
    public static Admin admin = null;

// 公共类，连接 zookeeper 配置文件，本例中 zookeeper 地址为 192.168.1.42，可根据自己的具体配置进行填写。
    public static void init() throws IOException {
        configuration = HBaseConfiguration.create();
        configuration.set("hbase.zookeeper.property.clientPort", "2181");
        configuration.set("hbase.zookeeper.quorum", "192.168.1.42");
        connection = ConnectionFactory.createConnection(configuration);
//创建表管理类
        admin = connection.getAdmin();
    }
//公共类，实现关闭连接
    public static void close() throws IOException {
        if(connection!=null){
            connection.close();
        }
        if(admin!=null){
            admin.close();
        }
    }

 //创建命名空间（NameSpace）
    public static void createNS(String namespace) throws IOException {
        //调用建立连接的公共类
        init();
            NamespaceDescriptor namespaceDescriptor = null;
```

```java
            try {
// 创建命名空间描述类
                namespaceDescriptor = admin.getNamespaceDescriptor(namespace);
            } catch (NamespaceNotFoundException e) {

            }
// 通过命名空间描述类是否为空来判断该命名空间是否存在，如果命名空间描述类已存在，则程序直接返回，不创建
            if (namespaceDescriptor != null) {
                return;
            }
// 如果命名空间描述类不存在，则命名空间不存在，建立新的 NameSpace
            namespaceDescriptor = NamespaceDescriptor.create(namespace).build();
            admin.createNamespace(namespaceDescriptor);
            //关闭连接
            close();
    }

    //删除命名空间（NameSpace）
        public static void deleteNS(String namespace) throws IOException {
            //调用建立连接的公共类
            init();
            NamespaceDescriptor namespaceDescriptor =null;
            try {
// 创建命名空间描述类
                namespaceDescriptor = admin.getNamespaceDescriptor(namespace);
            }catch (NamespaceNotFoundException ex)
            {

            }
// 通过命名空间描述类是否为空来判断该命名空间是否存在，如果命名空间描述类不存在，则程序直接返回，不创建
            if (namespaceDescriptor == null) {
                return;
            }
    // 如果命名空间描述类不存在，删除 namespace
            admin.deleteNamespace(namespace);
            //关闭连接
            close();
        }
//程序测试入口 main 函数。
        public static void main(String[] args) throws IOException {
         // 测试创建表空间（NameSpace）的方法
    createNS("nn");
            // 测试删除表空间（NameSpace）的方法
    deleteNS("nn");
        }
    }
```

7.4.3 HTable 句柄创建

在命名空间实现创建、连接之后，就要进行表结构的创建等相关操作，本节将学习关于表的相关 HBase Java API 操作。

下面介绍表的创建和删除这两个 HBase Java API 编程任务，并对关键语法添加详细注释。

```java
import org.apache.hadoop.conf.Configuration;
import org.apache.hadoop.hbase.*;
import org.apache.hadoop.hbase.client.*;
import java.io.IOException;

public class HbaseDDL2 {
    public static Configuration configuration = null;
    public static Connection connection = null;
    public static Admin admin = null;

// 公共类，连接zookeeper配置文件，本例中zookeeper地址为192.168.1.42，可根据自己的具体配置进行填写。
    public static void init() throws IOException {
        configuration = HBaseConfiguration.create();
        configuration.set("hbase.zookeeper.property.clientPort", "2181");
        configuration.set("hbase.zookeeper.quorum", "192.168.1.42");
        connection = ConnectionFactory.createConnection(configuration);
        admin = connection.getAdmin();
    }
//公共类，实现关闭连接
    public static void close() throws IOException {
        if(connection!=null){
            connection.close();
        }
        if(admin!=null){
            admin.close();
        }
    }

    //创建表操作
    public static void createTable(String tablename, String[] family) throws IOException {
        //建立连接
        init();
        //通过admin类方法判断表名是否已存在，如存在，则程序直接返回，不创建
        if (admin.tableExists(TableName.valueOf(tablename))) {
            return;
        }
//通过表描述类生成新的表
        HTableDescriptor hTableDescriptor = new HTableDescriptor(TableName.valueOf(tablename));
        //通过列族描述类来添加新的列族
        for (String str : family) {
//创建列族描述类
```

```
                HColumnDescriptor hColumnDescriptor = new HColumnDescriptor(str);
//列族加入表描述类中
                hTableDescriptor.addFamily(hColumnDescriptor);
        }
//通过 admin 类创建表
        admin.createTable(hTableDescriptor);
        //关闭连接
        close();
    }

//删除表
    public static void dropTable(String tablename) throws IOException {
        //建立连接
        init();
        // 通过 admin 类获取当前表的 HTableDescriptor 实例名称
        HTableDescriptor tableDescriptor =
    admin.getTableDescriptor (TableName.valueOf(tablename));
// 如果实例名称不存在，则程序直接返回
    if (tableDescriptor == null) {
        return;
    }
// 如果实例名称存在，则调用 disableTable 方法使表 tablename 失效
 admin.disableTable(TableName.valueOf(tablename));
// 如果要删除的表名称存在，则调用 deleteTable 方法删除失效表 tablename。
 admin.deleteTable(TableName.valueOf(tablename));
    // 关闭连接
        close();
}
//程序测试入口 main 函数。
   public static void main(String[] args) throws IOException {
    // 测试创建表 t2 的方法，表 t2 中含用两个列族：f1、f2
 createTable("t2" ,new String[]{"f1","f2"});
// 测试删除表 t2 的方法
dropTable("t2");
            }
}
```

7.4.4 HBase 数据的 CRUD 操作

所谓 CRUD 操作，是指对数据表中的数据进行增、删、改、查等操作。HBase DML 针对大数据情况下的数据处理，主要关注点在数据的增加、删除和查询，因此下面将从数据添加（Put 和 List<Put>）、数据删除（Delete 和 List<Delete>）、数据查询（Get 和 Scan）几方面对表数据进行操作。

```
import org.apache.hadoop.conf.Configuration;
import org.apache.hadoop.hbase.*;
import org.apache.hadoop.hbase.client.*;
import org.apache.hadoop.hbase.util.Bytes;
```

```java
import java.io.IOException;
import java.util.ArrayList;
import java.util.List;

public class HbaseDDL2 {
    public static Configuration configuration = null;
    public static Connection connection = null;
    public static Admin admin = null;
```

// 公共类,连接zookeeper配置文件,本例中zookeeper地址为192.168.1.42,请根据自己的具体配置进行填写。

```java
    public static void init() throws IOException {
        configuration = HBaseConfiguration.create();
        configuration.set("hbase.zookeeper.property.clientPort", "2181");
        configuration.set("hbase.zookeeper.quorum", "192.168.1.42");
        connection = ConnectionFactory.createConnection(configuration);
        admin = connection.getAdmin();
    }
```
//公共类,实现关闭连接
```java
    public static void close() throws IOexception {
        if(connection!=null){
            connection.close();
        }
        if(admin!=null){
            admin.close();
        }
    }
```

//添加数据方法一:利用put对象向表中逐条添加数据
```java
    public static void putData1(String tablename, String rowkey, String cf, String cm, String value) throws IOException {
        init();
//建立表的连接
        Table table = connection.getTable(TableName.valueOf(tablename));
    // 实例化Put类,指定rowkey进行操作
    Put put = new Put(Bytes.toBytes(rowkey));
    // 设置参数:列族,列,值
    put.addColumn(Bytes.toBytes(cf), Bytes.toBytes(cm), Bytes.toBytes(value));
            //向表中添加该行数据
    table.put(put);
        table.close();
    }
```

//添加数据方法二:利用List<Put>对象向表中批量添加数据
```java
    public static void putData2(String tablename, String[] rowkey, String[] cf, String[] cn, String[] value) throws IOException {
        init();
        Table table = connection.getTable(TableName.valueOf(tablename));
        //putlist这个集合中存放的元素是Put类型
    List<Put> putList = new ArrayList<Put>();
```

```java
        //从集合中获取每一行数据，对每行数据以rowkey方式设置，并添加列族、列和值
        for (int i = 0; i < 3; i++) {
            Put put = new Put(Bytes.toBytes(rowkey[i]));
            put.addColumn(Bytes.toBytes(cf[i]), Bytes.toBytes(cn[i]),Bytes.toBytes(value[i]));
            putList.add(put);
        }
        //向表中添加批量数据
        table.put(putList);
    }
    //删除数据方法一：利用Delete对象从表中逐条删除数据
    public static void deleteData(String tablename, String rowkey, String cf, String cn) throws IOException {
        init();
        //建立表的连接
        Table table = connection.getTable(TableName.valueOf(tablename));
        //设置要删除数据的rowkey
        Delete delete = new Delete(Bytes.toBytes(rowkey));
        //设置参数：列族、列
        delete.addColumns(Bytes.toBytes(cf), Bytes.toBytes(cn));
        // 从表中删除数据
        table.delete(delete);
        close();
    }
    //删除数据方法二：利用List<Delete>对象对表中数据批量删除
    public static void deleteListData(String tablename, String[] rowkey, String[] cf, String[] cn) throws IOException {
        init();
        //建立表的连接
        Table table = connection.getTable(TableName.valueOf(tablename));
        //putlist这个集合中存放的元素是Put类型
        List<Delete> deletes = new ArrayList<Delete>();
        //从集合中获取每一行数据，对每行数据以rowkey方式设置，并设置列族、列
        for (int i = 0; i < 2; i++) {
            Delete delete = new Delete(Bytes.toBytes(rowkey[i]));
            delete.addColumns(Bytes.toBytes(cf[i]), Bytes.toBytes(cn[i]));
/
            deletes.add(delete);
        }
        //删除所设置的数据
        table.delete(deletes);
        close();
    }

    //查询数据方法一：利用Get对象查询一行数据
    public static void getData(String tablename, String rowkey, String cf, String cn) throws IOException {
        //创建连接
        init();
        //建立表的连接
        Table table = connection.getTable(TableName.valueOf(tablename));
```

```java
        //实例化Get类
            Get get = new Get(Bytes.toBytes(rowkey));
        //设置要查询的列族、列
            get.addColumn(Bytes.toBytes(cf), Bytes.toBytes(cn));
        //获取这一行的数据集
            Result result = table.get(get);
        //输出这一行的所有数据
            Cell[] cells = result.rawCells();
            for (Cell cell : cells) {
                System.out.print("rowkey" +Bytes.toString(CellUtil.cloneRow(cell))
                    +",family:" +Bytes.toString(CellUtil.cloneFamily(cell))
                    +",Qualifier:" +Bytes.toString(CellUtil.cloneQualifier(cell))
                    +",value:" +Bytes.toString(CellUtil.cloneValue(cell))
                );
            }
        //关闭连接
            close();
    }

//查询数据方法二：利用Scan对象进行全表扫描，查询数据

    public static void scanTable(String tablename) throws IOException {
        //创建连接
            init();
//建立表的连接
Table table = connection.getTable(TableName.valueOf(tablename));
// 实例化Scan类
Scan scan = new Scan();
 //获取数据结果集
ResultScanner results = table.getScanner(scan);
        //输出所有数据
        Cell[] cells = result.rawCells();
        for (Cell cell : cells) {
            System.out.print("row:" +CellUtil.cloneRow(cell)
                    +",cf:" +CellUtil.cloneFamily(cell)
                    +",cn" +CellUtil.cloneQualifier(cell)
                    +",values" +CellUtil.cloneValue(cell));
        }
    }
}
//查询数据方法三：利用Scan对象scan某一列。可任意设置相关的cf(列族)、column(列)、
timestamp(时间戳)等条件，实现按条件(可单一或组合)查询数据
    public static void scanData(String tablename,String cf,String cn,String startrow,String stoprow) throws IOException {
            init();
//建立表的连接
            Table table = connection.getTable(TableName.valueOf(tablename));
```

```java
// 实例化Scan类
Scan scan = new Scan();
        //scan.addFamily(Bytes.toBytes(cf));
        // scan.addColumn(Bytes.toBytes(cf),Bytes.toBytes(cn));
        scan.setStartRow(Bytes.toBytes(startrow));
scan.setStopRow(Bytes.toBytes(stoprow));
//获取数据结果集
        ResultScanner scanner = table.getScanner(scan);
        //输出所有数据
for (Result result : scanner) {
            Cell[] cells = result.rawCells();
            for (Cell cell : cells) {
                System.out.println("rowkey:"+Bytes.toString
                (CellUtil.cloneRow(cell))
                        +",family:"+Bytes.toString
                        (CellUtil.cloneFamily(cell))
                        +",column:"+Bytes.toString
                        (CellUtil.cloneQualifier(cell))
                        +",value:"+Bytes.toString
                        (CellUtil.cloneValue(cell))
        );
    }
}
    close();
}

//程序测试入口main函数
    public static void main(String[] args) throws IOException {
//添加数据方法一：利用put对象向表中逐条添加数据
    putData("t4","00123","f1","age","18");
//添加数据方法二：利用List<Put>对象向表中批量添加数据
    putListData("t4",new String[]{"1002","1003","1004"},new String[]{"f1",
"f1","f1"},new
    String[]{"age","sex","name"},new String[]{"18","male","lxm"});
    //删除数据方法一：利用Delete对象从表中逐条删除数据
    deleteData("t4","1002","f1","age");
    //删除数据方法二：利用List<Delete>对象对表中数据批量删除deleteListData("t4",
    new String[]{"1002","1003"}, new String[]{"f1","f1"},newString[]{"age",
"sex"});
    //查询数据方法一：利用Get对象查询数据
    getData("t4","rk002","f1","age");
    //查询数据方法二：利用Scan对象进行全表扫描，查询数据
    scanData("t4");
    //查询数据方法三：利用Scan对象设置相关的cf（列族）、column（列）、timestamp
    （时间戳）等条件，实现按条件（可单一或组合）查询数据
    scanData("t4","f2","sex","rk002","rk004");
        }
    }
```

7.4.4.1 操作符

操作符也叫比较运算符，常用的操作符如下。
- LESS：小于。
- LESS_OR_EQUAL：小于等于。
- EQUAL：等于。
- NOT_EQUAL：不等于。
- GREATER：大于。
- GREATER_OR_EQUAL：大于等于。
- NO_OP：排除一切值。

7.4.4.2 比较器

常用的比较器如下。
- BinaryComparator：二进制比较器，用于按字典顺序比较所指定的字节数组。
- BinaryPrefixComparator：二进制比较器，只比较前缀是否与指定字节数组相同。
- NullComparator：控制比较器，判断当前值是不是为null。
- BitComparator：位比较器，通过BitwiseOp提供的AND（与）、OR（或）、NOT（非）进行比较。
- RegexStringComparator：正则比较器，支持正则表达式的值比较，仅支持EQUAL和非EQUAL。
- SubstringComparator：判断提供的子串是否出现在value中，并且不区分大小写。

7.4.4.3 过滤器家族

HBase内置了多种过滤器，这些过滤器直接或间接继承于FilterBase抽象类。本节介绍常用的列值过滤器和复合过滤器的用法。

下面案例中，filterData为列值过滤器，filterData1为由两个列值过滤器组合的复合过滤器。

```java
import org.apache.hadoop.conf.Configuration;
import org.apache.hadoop.hbase.*;
import org.apache.hadoop.hbase.client.*;
import org.apache.hadoop.hbase.filter.*;
import org.apache.hadoop.hbase.util.Bytes;
import java.io.IOException;
import java.util.ArrayList;
import java.util.List;

public class HbaseDDL2 {
    public static Configuration configuration = null;
    public static Connection connection = null;
    public static Admin admin = null;
// 公共类，连接zookeeper配置文件，本例中zookeeper地址为192.168.1.42，可根据自己的具体配置进行填写。
    public static void init() throws IOException {
        configuration = HBaseConfiguration.create();
```

```java
        configuration.set("hbase.zookeeper.property.clientPort", "2181");
        configuration.set("hbase.zookeeper.quorum", "192.168.1.42");
        connection = ConnectionFactory.createConnection(configuration);
        admin = connection.getAdmin();
    }
//公共类,实现关闭连接
    public static void close() throws IOException {
        if(connection!=null){
            connection.close();
        }
        if(admin!=null){
            admin.close();
        }
    }

//单列值过滤器
//用一列的值决定一行数据是否被过滤
    public static void filteData(String tablename) throws IOException {
        init();
        Table table = connection.getTable(TableName.valueOf(tablename));
        Scan scan = new Scan();
        //列值过滤器,过滤age=18的数据
        SingleColumnValueFilter filter = new SingleColumnValueFilter(
                Bytes.toBytes("f1"),
                Bytes.toBytes("age"),
                CompareFilter.CompareOp.EQUAL,
                Bytes.toBytes("18")
        );
//打破默认匹配,如果该行中没有此字段,则不会显示
        filter.setFilterIfMissing(true);
        scan.setFilter(filter);
        ResultScanner scanner = table.getScanner(scan);
        for (Result result : scanner) {
            Cell[] cells = result.rawCells();
            for (Cell cell : cells) {
            System.out.println("rk:"+Bytes.toString(CellUtil.cloneRow(cell))
                    +",cf:"+Bytes.toString(CellUtil.cloneFamily(cell))
                    +",cn"+Bytes.toString(CellUtil.cloneQualifier(cell))
                    +",value:"+Bytes.toString(CellUtil.cloneValue(cell))
            );
            }
        }


        close();
    }
//复合过滤器
public static void filterData1(String tablename) throws IOException {
```

```java
            init();
            Table table = connection.getTable(TableName.valueOf(tablename));
            Scan scan = new Scan();
//FilterList 代表一个过滤器列表
// FilterList.Operator.MUST_PASS_ALL 取交集, 相当于 and 操作
// FilterList.Operator.MUST_PASS_ONE 取并集, 相当于 or 操作
            FilterList filterList = new FilterList(FilterList.Operator.MUST_PASS_ALL);
            //列值过滤器1: age=18
            SingleColumnValueFilter filter = new SingleColumnValueFilter(
                    Bytes.toBytes("f1"),
                    Bytes.toBytes("age"),
                    CompareFilter.CompareOp.EQUAL,
                    Bytes.toBytes("18")
            );
//打破默认匹配, 如果该行中没有此字段, 则不会显示
            filter.setFilterIfMissing(true);
            SingleColumnValueFilter filter2 = new SingleColumnValueFilter(
                    Bytes.toBytes("f1"),
                    Bytes.toBytes("name"),
                    CompareFilter.CompareOp.EQUAL,
                    Bytes.toBytes("lxm")
            );
            //打破默认匹配, 如果该行中没有此字段, 则不会显示
            filter2.setFilterIfMissing(true);
//将单一过滤器添加到复合过滤器中
            filterList.addFilter(filter);
            filterList.addFilter(filter2);
//添加过滤器到扫描器中
scan.setFilter(filterList);
// 获取扫描的数据结果集
            ResultScanner scanner = table.getScanner(scan);
//输出数据集中的所有数据
for (Result result : scanner) {
            Cell[] cells = result.rawCells();
            for (Cell cell : cells) {
                System.out.println("rk:"+Bytes.toString(CellUtil.cloneRow(cell))
                        +",cf:"+Bytes.toString(CellUtil.cloneFamily(cell))
                        +",cn"+Bytes.toString(CellUtil.cloneQualifier(cell))
                        +",value:"+Bytes.toString(CellUtil.cloneValue(cell))
                );
            }
        }
        close();
}
    //程序测试入口 main 函数
    public static void main(String[] args) throws IOException {
```

```
        FilterData("t4");
        FilterData1("t4");
    }
}
```

7.5 学生成绩管理

对学生成绩表进行数据分析，以学生的课程成绩作为数据源，通过 importTsv 方式将数据源导入到 HBase 中，完成对学生的各道题成绩的分析、总分成绩的分析。

本项目采用 HBase shell 命令完成，也可以通过 Java API 来实现同样的功能，相关代码可参考前面的章节，在此不再重复。

7.5.1 学生成绩表数据准备

本次数据是根据学生的 HBase 课程的试卷情况记录，作为本次任务的数据源，其数据字段及数据情况如表 7-3 所示。

表 7-3 HBase 课程数据源表

学号	姓名	第一题	第二题	第三题	第四题	总分
……	……	……	……	……	……	……
18012304	汤杰雄	27.0	13.0	18.0	7.0	65.0
18012306	朱鹏博	30.0	24.0	23.0	6.0	83.0
18012307	马宁	15.0	21.0	21.0	1.0	58.0
……	……	……	……	……	……	……

① 将数据文件 score.txt 添加到当前文件夹 /usr/local/src/datas 中，显示如图 7-5 所示。

```
[root@master192 datas]# ls
dept.txt   emp.txt   export   score.txt   student.txt   stu.txt
```

图 7-5 score.txt 添加的效果

② 打开并编辑 score.txt 文件，显示如图 7-6 所示。

```
                      hadoop@master192:/usr/local/src/datas
File  Edit  View  Search  Terminal  Help
18012301      21.0     19.0     17.0     5.0     62.0
18012302      30.0     24.0     22.0     8.0     84.0
18012303      27.0     13.0     11.0     1.0     52.0
18012304      27.0     13.0     18.0     7.0     65.0
18012306      30.0     24.0     23.0     6.0     83.0
```

图 7-6 编辑 score.txt

③ 在 hdfs 上创建数据文件。

```
hbase(main):001:0> create 'Shbase','sid'
```

④ 把数据文件上传到 HDFS 上。

```
[root@master datas]# hdfs dfs -mkdir -p /stu1
[root@master datas]# hdfs dfs -put score.txt /stu
[root@master datas]# hdfs dfs -ls /stu
```

⑤ 把 HDFS 中的数据导入到 HBase 上。

```
[root@master datas]# hbase org.apache.hadoop.hbase.mapreduce.ImportTsv
-Dimporttsv.columns=HBASE_ROW_KEY,sid:one,sid:two,sid:three,sid:four,sid:
scores  Shbase  /stu/score.txt
[root@master datas]# hbase shell
hbase(main):001:0> scan 'Shbase'
```

结果如图 7-7 所示：

```
ROW                    COLUMN+CELL
 18012301              column=sid:four, timestamp=1600484402953, value=5.0
 18012301              column=sid:one, timestamp=1600484402953, value=21.0
 18012301              column=sid:scores, timestamp=1600484402953, value=62.0
 18012301              column=sid:three, timestamp=1600484402953, value=17.0
 ........
```

图 7-7 数据导入 HBase 结果

7.5.2 学生成绩表设计分析

在创建完成 Shbase 数据表之后，接下来可以对这张学生成绩表进行各种操作，提取相关的数据，本项目主要完成数据维护与数据查询两方面功能。

① 查询单条数据：查询学号为 18012302 的相关学生信息。命令如下：

```
hbase(main):001:0> get 'Shbase','18012303'
```

显示结果如图 7-8 所示。

```
COLUMN                          CELL
 sid:four                       timestamp=1600484402953, value=1.0
 sid:one                        timestamp=1600484402953, value=27.0
 sid:scores                     timestamp=1600484402953, value=52.0
 sid:three                      timestamp=1600484402953, value=11.0
 sid:two                        timestamp=1600484402953, value=13.0
```

图 7-8 查询单条数据结果

② 根据表中的列进行查询：查询第一题（one 列）的所有数据，显示结果如图 7-9 所示。

```
ROW                    COLUMN+CELL
 18012301              column=sid:one, timestamp=1600484402953, value=21.0
 18012302              column=sid:one, timestamp=1600484402953, value=30.0
 18012303              column=sid:one, timestamp=1600484402953, value=27.0
 18012304              column=sid:one, timestamp=1600484402953, value=27.0
 18012306              column=sid:one, timestamp=1600484402953, value=30.0
 18012307              column=sid:one, timestamp=1600484402953, value=15.0
 18012308              column=sid:one, timestamp=1600484402953, value=21.0
 18012309              column=sid:one, timestamp=1600484402953, value=27.0
 18012310              column=sid:one, timestamp=1600484402953, value=30.0
```

图 7-9 根据列进行查询

③ 实现过滤器查询：查询学号为 180123 开头的相关学生信息。命令如下：

```
hbase(main):001:0> scan 'Shbase',{FILTER=>"PrefixFilter('180123')"}
```

显示结果如图 7-10 所示。

```
ROW                    COLUMN+CELL
 18012301              column=sid:four, timestamp=1600484402953, value=5.0
 18012301              column=sid:one, timestamp=1600484402953, value=21.0
 18012301              column=sid:scores, timestamp=1600484402953, value=62.0
 18012301              column=sid:three, timestamp=1600484402953, value=17.0
 18012301              column=sid:two, timestamp=1600484402953, value=19.0
 18012302              column=sid:one, timestamp=1600484402953, value=8.0
```

图 7-10 过滤器查询

7.5.3 学生成绩表代码实现

7.5.3.1 利用 shell 脚本实现

① 向数据库添加数据：添加数据主键值 18012301，列 sid:one 值修改为 23。命令如下：

```
hbase(main):008:0> put 'Shbase','18012401','sid:one','23'
```

显示结果如图 7-11 所示。

```
hbase(main):009:0> get 'Shbase','18012401'
COLUMN                 CELL
 sid:one               timestamp=1600497901759, value=23
1 row(s) in 0.0700 seconds
```

图 7-11 添加数据

同理，添加主键值 18012301 多条数据。

② 删除数据：删除主键值 18012301 的 sid:two 列。

删除前数据如图 7-12 所示。

```
hbase(main):009:0> get 'Shbase','18012401'
COLUMN                 CELL
 sid:four              timestamp=1600498678505, value=22
 sid:one               timestamp=1600498234218, value=20
 sid:three             timestamp=1600498664431, value=22
 sid:two               timestamp=1600498650300, value=20
4 row(s) in 0.0340 seconds
```

图 7-12 删除前数据

输入以下命令：

```
hbase(main):008:0> delete 'Shbase','18012301','sid:two'
```

显示结果如图 7-13 所示。

```
hbase(main):011:0> get 'Shbase','18012401'
COLUMN                    CELL
 sid:four                 timestamp=1600498678505, value=22
 sid:one                  timestamp=1600498234218, value=20
 sid:three                timestamp=1600498664431, value=22
3 row(s) in 0.0470 seconds
```

图 7-13 删除后数据

7.5.3.2 用 Java API 代码实现

对于本项目来说，利用 HBase Java API 也可以实现，由于前面 CRUD 的数据操作给出了完整代码，本任务只给出关键部分代码。

```java
import org.apache.hadoop.conf.Configuration;
import org.apache.hadoop.hbase.*;
import org.apache.hadoop.hbase.client.*;
import org.apache.hadoop.hbase.util.Bytes;
import java.io.IOException;
import java.util.ArrayList;
import java.util.List;

public class HbaseDDL2 {
    public static Configuration configuration = null;
    public static Connection connection = null;
    public static Admin admin = null;


    // 公共类
    public static void init() throws IOException {
        configuration = HBaseConfiguration.create();
        configuration.set("hbase.zookeeper.property.clientPort", "2181");
        configuration.set("hbase.zookeeper.quorum", "192.168.1.42");
        connection = ConnectionFactory.createConnection(configuration);
        admin = connection.getAdmin();
    }
//公共类，关闭连接
    public static void close() throws IOException {
        if(connection!=null){
            connection.close();
        }
        if(admin!=null){
            admin.close();
        }
    }

//添加数据方法
    public static void putData1(String tablename, String rowkey, String cf, String cm, String value) throws IOException {
        init();
```

```
            Table table = connection.getTable(TableName.valueOf(tablename));
            Put put = new Put(Bytes.toBytes(rowkey));
            put.addColumn(Bytes.toBytes(cf), Bytes.toBytes(cm), Bytes.toBytes(value));
            table.put(put);
            table.close();
    }

    //删除数据
    public static void deleteData(String tablename, String rowkey, String cf, String cn) throws IOException {
            init();
            Table table = connection.getTable(TableName.valueOf(tablename));
            Delete delete = new Delete(Bytes.toBytes(rowkey));
            delete.addColumns(Bytes.toBytes(cf), Bytes.toBytes(cn));
            table.delete(delete);
            close();
    }

    //程序测试入口main函数
    public static void main(String[] args) throws IOException {
            putData("Shbase","18012401","sid","one","23");
            deleteData("Shbase","18012301","'sid","two");
        }
}
```

课后练习

现有以下关系型数据库中的表（见表7-4～表7-6）和数据，要求将其转换为适合于HBase存储的表，并按要求进行相关操作。

表7-4 学生表（Student）

S_No	Name	Sex	Age
2015001	Zhangsan	male	23
2015003	Mary	female	22
2015003	Lisa	male	24

表7-5 课程表（Course）

C_No	C_Name	Credit
123001	Math	2.0
123002	Computer Science	5.0
123003	English	3.0

表 7-6 选课表

S_No	C_No	Score
2015001	123001	86
2015001	123003	69
2015002	123002	77
2015002	123003	99
2015003	123001	98
2015003	123002	95

功能实现要求：

① 要求用 HBase shell 命令实现建表及数据的增/删/改操作。

② 要求用 HBase Java API 编程实现建表及数据的增/删/改操作。

③ 要求能用 HBase shell 命令实现单条/多条记录查询。

④ 要求能用 HBase Java API 编程实现单条/多条记录查询。

第 8 章　Sqoop 导入和导出

 学习目标

- 了解 Sqoop 产生背景
- 理解 Sqoop 的作用
- 掌握 Sqoop 的导入机制
- 掌握 Sqoop 的导出机制
- 掌握 Sqoop 的基本命令

 思维导图

　　Sqoop 是一个用来将关系型数据库和 Hadoop 中的数据进行相互转移的工具，可以将一个关系型数据库(如 MySql、Oracle)中的数据导入 Hadoop 中，也可以将 Hadoop 中的数据导入关系型数据库中。

　　Sqoop 工具接收客户端的 shell 命令或者 Java API 命令后，通过 Sqoop 中的任务翻译器（TaskTranslator）将命令转换为对应的 MapReduce 任务，实现关系型数据库和 Hadoop 中的数据进行相互转移，最终完成数据的复制。

8.1 概述

8.1.1 Sqoop 产生背景

Hadoop 是一个越来越通用的分布式计算环境,主要用来处理大数据,随着云端服务器对这个框架的使用,更多的用户在应用中需要实现数据在 Hadoop 和传统数据库之间的迁移,Sqoop 能够帮助用户更方便地实现数据迁移工作。

8.1.2 Sqoop 是什么

Sqoop 是一款开源的工具,主要用于在 Hadoop 与传统的数据库之间进行数据的迁移,Sqoop 的作用如图 8-1 所示。

图 8-1 Sqoop 的作用

Sqoop 是 Hadoop 发展到一定程度的必然产物,是传统数据库与 Hadoop 之间实现数据同步的工具,其具体作用包括以下两个方面:
① 将关系型数据库的数据导入到 Hadoop 及其相关的系统中,如 Hive 和 HBase。
② 将数据从 Hadoop 系统里抽取并导出到关系型数据库。

Sqoop 的核心设计思想是利用 MapReduce 加快数据传输速度,也就是 Sqoop 的导入和导出功能是通过 MapReduce 作业实现的,所以它是通过一种批处理方式进行数据传输,但是 Sqoop 难以实现实时数据的导入和导出。

8.1.3 为什么选择 Sqoop

Sqoop1 的结构简单,部署方便,向用户提供命令行的操作方式,主要适用于系统服务管理人员进行简单的数据迁移操作;Sqoop2 的功能更加完善,操作更加简便,同时支持命令行操作访问、Web 访问、Rest API 访问等多种访问模式,引入角色安全机制,增加安全性,但是结构复杂,配置部署较烦琐。

Sqoop 有以下 8 个特点。
① 并行导入/导出,当涉及导入和导出数据时,Sqoop 使用 YARN 框架。它在并行的基础上提供容错功能。

② 对于主流的 RDBMS 数据库，Sqoop 提供了几乎所有的主流数据库的连接器。

③ 导入 SQL 查询的结果。在 HDFS 中，可以导入从 SQL 查询返回的结果。

④ 提供增量加载的功能。可以在更新操作时递增加载部分内容。

⑤ 全部加载，这是 Sqoop 的重要功能之一，可以通过 Sqoop 中的单个命令加载整个表的数据。另外，通过使用单个命令，可以加载数据库中所有表的数据。

⑥ Kerberos 安全集成。Sqoop 支持 Kerberos 身份验证。Kerberos 是一种计算机网络认证协议，允许通过非安全网络进行通信的节点以安全的方式彼此证明自己的身份。

⑦ 数据直接加载到 Hive/ HBase 中。可以直接将数据加载到 Apache Hive 中，另外，可以将数据转储到 NoSQL 数据库的 HBase 中。

⑧ 数据压缩，通过使用 deflate（gzip）算法和 compress 参数实现数据压缩。也可以在 Apache Hive 中加载压缩表。

选择 Sqoop 通常基于三个方面的考虑：

① 可以高效、可控地利用资源，通过调整任务数来控制任务的并发度。还可以自定义配置数据库的访问时间。

② 可以自动完成数据类型的映射与转换。Sqoop 可以自动根据数据库中的类型将数据转换到 Hadoop 中，用户也可以自定义类型之间的映射关系。

③ 支持多种数据库，如 MySql、Oracle 和 PostgreSQL 等数据库。

8.2 工作原理

Sqoop 类似于其他 ETL 工具，使用元数据模型来判断数据类型，在数据从数据源迁移到 Hadoop 时确保类型安全的数据处理。

Sqoop 专为批量数据的传输而设计，能够分割数据集并创建 Hadoop 任务来处理每个分区块，将导入或导出命令翻译成 MapReduce 程序来实现，在翻译的 MapReduce 中主要是对 Inputformat 和 Outputformat 进行定制。

8.2.1 导入机制

导入工具从关系型数据库向 HDFS 导入单独的表，表中的每一行都被视为 HDFS 中的记录，所有记录都以文本文件的形式或作为 Avro 和 Sequence 文件中的二进制数据进行存储。

从传统数据库获取元数据信息(schema，table，field，field type)，把导入转换为只有 Map 的 MapReduce 作业，但是在 MapReduce 中存在很多 Map，每个 Map 又会读取一个分片数据，进而并行完成数据的复制。

Sqoop 在 import 时，需要制定 split-by 参数，Sqoop 根据不同的 split-by 参数值进行数据切分，然后将切分出来的数据分配到不同 Map 中。每个 Map 读取数据库中每一行的值，读取到的值再写入到 HDFS 中。根据 split-by 的不同参数类型有不同的数据切分方法，例如比较简单的 int 型，Sqoop 会取最大和最小的 split-by 字段值，然后根据传入的 num-mappers 来确定划分几个区域。

8.2.2 导出机制

导出工具将一组文件从 HDFS 导出到 RDBMS。Sqoop 输入的文件包含若干条记录,这些记录在表中被称为行。读取数据表中的每一行并解析成一组记录,针对每行的不同字段使用用户制定的分隔符进行分隔。

Sqoop export 命令的原理是获取导出表的 schema 和 meta 信息,这些信息与 Hadoop 中的字段匹配;多个 Map 作业同时运行,完成 HDFS 中数据导出到关系型数据库中。

Sqoop 数据导出流程:首先用户输入一个 Sqoop export 命令,它会获取关系型数据库的 schema,建立 Hadoop 字段与数据库表中字段的映射关系。然后将输入命令转化为基于 Map 的 MapReduce 作业,这样 MapReduce 作业中有很多 Map 任务,这些 Map 任务并行地从 HDFS 读取数据,并将整个数据拷贝到数据库中。

与 Sqoop 的导入功能相比,Sqoop 的导出功能使用频率相对较低,一般都是将 Hive 的分析结果导出到关系型数据库以后,提供给数据分析师查看或者生成报表等。

8.3 安装

Sqoop 是 Hadoop 的子项目,因此它只能在 Linux 操作系统上运行。在安装 Sqoop 之前需要配置系统的 IP 地址和修改机器的用户名称。

8.3.1 前提准备

① 本章采用的 Linux 系统使用 Centos7,先把网络地址设为静态 IP 地址,再编辑网卡的配置文件,使用的命令如图 8-2 所示。

图 8-2 编辑网卡配置文件的命令

② Ifcfg-ens33 是网卡的配置文件,系统不同,配置文件名称和路径可能会有所不同。配置文件中修改的内容如图 8-3 所示。

③ 编写好配置文件内容以后按 Esc 键,输入":wq"实现文件的保存和退出。

④ 使用命令 Systemctl restart network 重启网卡。

⑤ 使用命令 ifconfig 查看静态 IP 是否更改成功,命令执行结果如图 8-4 所示。

⑥ 使用 Hostnamectl set-hostname master 命令更改系统用户名称为 master。

图 8-3 网卡配置文件修改的内容

⑦ 系统用户名称修改成功以后,使用 bash 命令更新系统用户名称,命令执行结果如图 8-5 所示。

⑧ 为主机用户添加 IP 映射,编辑/etc/hosts 文件,文件更改内容如图 8-6 所示。

图 8-4 ifconfig 命令执行结果

图 8-5 bash 命令执行结果

图 8-6 hosts 文件更改内容

⑨ 编写好配置文件内容以后按 Esc 键，输入 ":wq" 实现文件的保存和退出。
⑩ 安装 JDK 并配置环境变量。
⑪ 安装 Hadoop 并配置环境变量。

8.3.2 下载 Sqoop

Sqoop 的下载可以使用官网地址，也可以使用其他地址。
① 在浏览器中输入 Sqoop 的官网地址，官网页面如图 8-7 所示。
② 在官网页面上单击 "https://mirrors.tuna.tsinghua.edu.cn/apache/sqoop/" 链接，Sqoop 版本显示页面如图 8-8 所示。
③ 单击 "1.4.7" 链接，显示如图 8-9 所示。
④ 选择需要的 Sqoop 文件单击即可下载。

图 8-7 官网页面

图 8-8 Sqoop 版本显示页面

图 8-9 Sqoop 下载链接

8.3.3 安装 Sqoop

① 在系统的 usr 目录下使用 mkdir -p /usr/sqoop 命令创建 Sqoop 的安装目录，安装目录创建成功后使用 cd /usr/sqoop 命令进入 sqoop 目录。命令的执行结果如图 8-10 所示。

② 将成功下载的 Sqoop 文件传输到已经创建的 Sqoop 工作路径下，使用 ls 命令查看上传结果，命令执行结果如图 8-11 所示。

图 8-10 mkdir 和 cd 命令执行结果

图 8-11 ls 命令执行结果

③ 使用 tar -zxvf sqoop-1.4.7.bin.tar.gz -C /usr/sqoop/ 命令将 Sqoop 安装包解压到当前目录下，命令执行结果如图 8-12 所示。

图 8-12 tar 命令执行结果

④ 修改环境变量：使用命令 vim /etc/profile 修改 profile 文件的配置内容。在配置文件中添加如下内容：

```
# # #SQOOP
export SQOOP_HOME=/usr/sqoop/sqoop-1.4.7
export PATH=$PATH:$SQOOP_HOME/bin
```

8.3.4　配置 Sqoop

配置 Sqoop 需要编辑 sqoop-env.sh 文件，该文件放置在$SQOOP_HOME/conf 目录下。重定向到 Sqoop/conf 目录并使用以下命令复制模板文件，并重新定义为 sqoop-env.sh 文件：

```
$ cd $SQOOP_HOME/conf。#重写向到 conf 目录
$ cp sqoop-env-template.sh sqoop-env.sh  #将 sqoop-env-template.sh 复制为 sqoop-env.sh
```

命令执行结果如图 8-13 所示。

图 8-13　执行结果

修改 conf 目录下的 sqoop-env.sh 配置文件，使用 vim 命令打开 sqoop-env.sh 文件，按 i 键进入编辑状态，将 HADOOP_COMMON_HOME 和 HADOOP_MAPRED_HOME 修改为已经安装的 Hadoop 目录。如图 8-14 所示。

图 8-14　sqoop-env.sh 配置文件

8.3.5　MySQL 驱动包

下载 MySql-connector-java-5.1.47-bin.jar 驱动包，把 MySQL 的驱动包上传到 sqoop 的 lib 下，使用 ls 命令查看是否上传成功，如图 8-15 所示。

图 8-15　ls 命令查看结果

8.3.6 验证 Sqoop

使用 sqoop version 命令查看 Sqoop 版本信息，如图 8-16 所示。

图 8-16 查看 sqoop 版本信息

通过以上步骤实现了 Sqoop 的安装。

8.4 Sqoop 的基本命令

8.4.1 基本操作

Sqoop 本质上是一个命令行工具，核心功能就是导入和导出。
导入数据：将 MySQL 中数据导入到 Hadoop 的 HDFS、Hive、HBase 等数据存储系统。
导出数据：从 Hadoop 的文件系统中导出数据到关系数据库 MySql。

8.4.2 示例

8.4.2.1 查询 MySQL 中的数据库

使用 list-databases 查询已经存在的 MySQL 数据库，显示结果如图 8-17 所示。命令格式如下：

```
Sqoop list-databases --connect jdbc:MySql://master:3306 --username root --password root
```

命令参数信息描述如下：

```
--connect：目标数据库地址。
--username：访问数据库的用户名。
--password：用户名密码。
```

图 8-17 查询数据库结果

8.4.2.2 MySQL 中数据导入到 HDFS

使用 import 实现 MySQL 中的数据导入到 HDFS，首先需要创建数据库和数据表，向数据表中插入测试数据。示例代码如下所示。

```
create database testdb;
use testdb;
create table user(
id int not null auto_increment,
account varchar(255) default null,
password varchar(255) default null,
primary key(id)
);
```

插入数据代码如下所示。

```
insert into user(account, password) values('aaa', '123');
insert into user(account, password) values('bbb', '123');
insert into user(account, password) values('ccc', '123');
insert into user(account, password) values('ddd', '123');
insert into user(account, password) values('eee', '123');
insert into user(account, password) values('fff', '123');
insert into user(account, password) values('ggg', '123');
insert into user(account, password) values('hhh', '123');
```

1）导入数据到 HDFS 中

使用 sqoop import 命令将 MySQL 中的数据导入到 HDFS，导入命令执行结果如图 8-18 所示。命令代码如下所示：

```
sqoop import --connect jdbc:MySql://master:3306/testdb --username root --password root --table user --target-dir /Sqoop/import/user_parquet --delete-target-dir --num-mappers 1 --as-parquetfile
```

参数信息描述如下：

```
--table：指定 MySQL 中的表。
--target-dir：设置目标目录。
--delete-target-dir：当目标目录存在时删除。
--num-mappers 或 --m：设置启动多少个 map，默认 4 个。
--as-sequencefile：将数据导入到一个 sequencefile 文件中。
```

2）Hive 中创建表

利用导入 HDFS 的数据直接在 Hive 中创建表，无须再指定 row format 与 fields terminated by。创建表代码如图 8-19 所示。

执行完 create 命令后，使用 select 语句可以查看数据表中的数据，select 语句执行结果如图 8-20 所示。

图 8-18 sqoop import 命令执行结果

图 8-19 创建 hive 表代码

图 8-20 select 语句执行结果

8.4.2.3 条件导入

在项目应用过程中，往往并需要数据表中的所有数据，只需要数据表中的部分数据，如果还是使用全表的导入命令，执行效率会有所下降，为此应该在导入数据的命令中加入条件。在执行条件导入时可以使用--where 参数减少数据行数，使用--column 减少数据列。

1）columns 指定导入的字段

使用 Sqoop 导入工具，通过--column 参数可以限制查询结果中的列数。

通过--column 参数来查找 user 表中 account 和 password 两个字段的所有数据，导入到 HDFS。示例代码如下：

```
sqoop import --connect jdbc:MySql://master:3306/testdb --username root
--password root --table user -columns account,password --target-dir
```

```
/Sqoop/import/user_column --delete-target-dir --fields-terminated-by '\t'
--num-mappers 1 -direct
```

执行完带有--column 参数的 sqoop import 以后，执行结果如图 8-21 所示。

图 8-21 --column 参数的执行结果

注：account、password 字段之间不能有空格。

2）where 子句

使用 Sqoop 导入工具，通过--where 参数可以对查询的结果进行筛选，通过--where 指定的条件在各自的数据库服务器执行相应的 SQL 查询。

通过--where 参数来查找 user 表中 id 字段的值大于 5 并且 account 字段值以 f 开头的所有数据，导入到 HDFS。示例代码如下。

```
   sqoop import --connect jdbc:MySql://master:3306/testdb --username root
--password root --table user --where 'id > 5 and account like "f%"' --target-
dir /Sqoop/import/user_where --delete-target-dir--fields-terminated-by '\t' -
m 1 --direct
```

命令执行成功后，在 HDFS 可以查看到存储的目录，如图 8-22 所示。

图 8-22 HDFS 存储目录

8.4.2.4 MySQL 数据导入 Hive

使用 sqoop import 命令将 MySQL 数据库中的数据直接导入到 Hive 表中。

在 HDFS 集群中创建 Hive 表用来存储 MySql 导出的数据，创建 Hive 数据表代码如下所示。

```
drop table if exists hive_company;
create table hive_company(
id int,
account string,
password string)
row format delimited fields terminated by '\t';
```

通过 sqoop import 来查找 user 表中 account 和 password 两个字段的所有数据并导入到 HDFS。导入命令执行结果如图 8-23 所示,查询命令执行结果如图 8-24 所示,示例代码如下。

```
sqoop import --connect jdbc:MySql://master:3306/company --username root
--password root --table staff --hive-import --hive-database default --hive-
table hive_company --delete-target-dir --fields-terminated-by '\t' -m 1
```

图 8-23 导入命令执行结果

图 8-24 查询命令执行结果

8.4.2.5 MySQL 数据增量导入 Hive

项目开发一般并不会一次性将 MySQL 中的数据全部导入 Hive,一般会定期从与业务相关的关系型数据库向 Hadoop 导入数据,导入数据仓库后再进行后续离线分析。这种情况下不可能将所有数据重新再导入一遍,所以此时需要将数据增量导入到 Hive。

例如客户端进行用户注册,MySQL 就增加了一条数据,但是 Hive 中的数据并没有进行更新,将数据全部导入一次完全没有必要。

增量导入数据分为两种方式:

① 基于递增列的增量数据导入(Append 方式),将递增列值大于阈值的所有数据增量导入,只对数据进行附加,不支持更改。

② 基于时间列的数据增量导入（LastModified 方式），将时间列大于等于阈值的所有数据增量导入，适用于对源数据进行更改，对于变动数据必须记录变动时间的情况。

1）Append 方式

有一个订单表，里面每个订单有一个唯一的标识自增列 ID，在关系型数据库中以主键形式存在，之前已经将 id 编号在 1~3 的订单导入到了 Hive 中，现在需要将近期产生的新的订单数据(id 为 4、5 的两条数据)导入 Hive，供后续数据仓库进行数据分析。此时只需要指定 -incremental 参数为 append，-last-value 参数为 3 即可。表示只导入记录中 id 值大于 3 的数据。

① MySQL 创建数据表，创建数据表的命令如下所示。

```
CREATE TABLE `users_append` (
  `uid` int(11) NOT NULL AUTO_INCREMENT,
  `uname` varchar(20) CHARACTER SET utf8 COLLATE utf8_general_ci NULL DEFAULT NULL,
  `created` timestamp NOT NULL DEFAULT CURRENT_TIMESTAMP ON UPDATE CURRENT_TIMESTAMP,
  PRIMARY KEY (`uid`) USING BTREE
);
```

② 原有数据表中已经存在 10 条记录，向数据表中追加 3 条记录，用来测试增量导入功能，追加记录后数据表中的数据如图 8-25 所示。

```
insert into users_append (uname) values('zs');
insert into users_append (uname) values('ls');
insert into users_append (uname) values('ww');
```

图 8-25 数据表的数据

③ 在 Hive 中创建存储数据的数据表，Hive 中创建数据表的代码如下所示。

```
sqoop create-hive-table \
--connect jdbc:MySql://192.168.200.100:3306/yang \
--username root \
--password root\
--table users_append \
--hive-table users_append
```

④ 前面已经实现将数据表中的所有数据一次性导入 Hive，增量导入需要设置如下参数：

--incremental append：指定导入模式，表示基于递增列的增量导入(将递增列值大于阈值的所有数据增量导入)。
　　--check-column uid：指定检索列。
　　--last-value 10：阈值，从该值所在行开始导入，表示 uid>10 的数据导入 Hive。
　　--columns '列名1, 列名2…'：指定导入列，同时导入多列时，列名之间使用逗号分隔。
　　--where '条件'：设置导入数据的条件。

具体的增量导入语句如下所示。

```
sqoop import \
--connect jdbc:MySql://master:3306/test \
--username root \
--password root \
--table users_append \
--hive-import \
-m 1 \
--hive-table users_append \
--fields-terminated-by '\t' \
--check-column uid \    #以 id 列为标准
--incremental append \  #增量导入方式
--last-value 10    # id = 10 后面一行开始追加
```

2）LastModified 方式

基于 lastModify 的方式，要求原数据表中有 time 字段，该字段用来指定一个时间戳，让 Sqoop 把该时间戳之后的数据导入 Hive 中，因为后续订单可能状态会发生变化，变化后 time 字段时间戳也会发生变化，此时 Sqoop 依然会将相同状态更改后的订单导入 Hive 中，当然可以指定 merge-key 参数为 id，表示将后续新的记录与原有记录进行合并。

① 向 users_append 数据表中追加如下四条记录，用来实现 LastModified 方式的功能，追加记录后数据表中的数据如图 8-26 所示。

```
insert into users_append (uname) values('zhaoliu');
insert into users_append (uname) values('liuer');
insert into users_append (uname) values('zhaoqi');
insert into users_append (uname) values('wangyi');
```

uid	uname	created
1	aa	2021-05-01 09:45:22
2	bb	2021-05-01 09:45:27
3	cc	2021-05-01 09:45:30
4	dd	2021-05-01 09:45:37
5	ee	2021-05-01 09:45:39
6	ff	2021-05-01 09:45:42
7	gg	2021-05-01 09:45:45
8	hh	2021-05-01 09:45:48
9	ii	2021-05-01 09:45:54
10	jj	2021-05-01 09:45:57
11	zs	2021-05-01 09:46:05
12	ls	2021-05-01 09:46:08
13	ww	2021-05-01 09:46:12
14	zhaoliu	2021-05-01 09:46:58
15	liuer	2021-05-01 09:46:30
16	zhaoqi	2021-05-01 09:46:35
17	wangyi	2021-05-01 09:46:47

图 8-26　数据表的数据

② 在 Append 方式的基础上实现 LastModified 方式，需要设置如下参数：

```
--incremental lastmodified：指定导入模式，基于时间列的数据增量导入方式(将时间列值大于阈值的所有数据增量导入)。
--check-column created：指定检索列，表示以 created 列为标准。
--last-value " 2021-05-01 09:46:58 "：阈值，从该值所在行开始导入，表示 created = 2021-05-01 09:46:58 后面行开始追加。
--merge-key uid：合并列(主键列，合并键值相同的记录)。
```

具体的 LastModified 方式导入语句如下所示。

```
sqoop import \
--connect jdbc:MySql://master:3306/test \
--username root \
--password root \
--table users_append \
--hive-import \
-m 1 \
--hive-table users_append \
--fields-terminated-by '\t'\
--incremental lastmodified \
--check-column created \
--last-value " 2021-05-01 09:46:58 " \
--merge-key uid
```

注意：如果 last-value 指定的值不在表中，则会对这个值进行比较，导出比这个值大的部分。

8.4.2.6　HDFS/Hive 文本文件数据导出至 MySQL

在 MySQL 的数据库中创建数据表，数据表的创建如图 8-27 所示。

在 Linux 系统创建 user.txt 文件，文件内容之间使用"\t"分隔，输入内容如图 8-28 所示。

图 8-27　数据表的创建

图 8-28　user.txt 文件内容

使用命令 hadoop fs –put user.txt /将 user.txt 文件上传到 HDFS,使用 hadoop fs –ls /命令查看文件上传后的结果，如图 8-29 所示。

图 8-29　上传及查看结果

使用 sqoop export 命令将 HDFS 存储的 user.txt 文件导出到 MySQL 数据库中，示例代码如下。

```
sqoop export --connect jdbc:MySql://master:3306/sqoop --username 'root' --password 'root' --table 'user' --export-dir '/sqoop/import/user_txt' -columns 'uname,vnum,fnum' -mapreduce-job-name 'hdfs to MySql' --input-fields-terminated-by '\t' -input-lines-terminated-by '\n'
```

命令执行结果如图 8-30 所示。

图 8-30　sqoop export 命令执行结果

8.5　数据导入和导出

8.5.1　从 RDBMS 导入 HDFS 中

① 确定 MySQL 服务启动正常
② 在 MySQL 中创建数据表 staff，并向数据表中插入数据，如图 8-31 所示。

图 8-31　staff 表的创建及数据

③ 执行 Sqoop 导入语句，将 MySQL 数据表的数据导入 HDFS，导入命令如图 8-32 所示。

图 8-32 数据导入命令

④ 从 HDFS 文件中可以查看导入的目录，如图 8-33 所示。

图 8-33 HDFS 查看导入的目录

8.5.2 MySQL 数据导入 Hive 中

① 在 Hive 中创建 MySQL 对应的数据表，如图 8-34 所示。
② 执行 Sqoop 命令，把数据从 MySQL 中导入 Hive 表中，导入命令如图 8-35 所示。

图 8-34 创建数据表　　　　　　　图 8-35 数据导入命令

③ 查询 Hive 表中是否存在导入的数据，查询命令及结果如图 8-36 所示。
④ 数据导入成功。

图 8-36 查询命令及结果　　　　　图 8-37 数据表创建命令

8.5.3 MySQL 数据导入 HBase

① 在 HBase 中创建数据表，创建命令如图 8-37 所示。

② 执行 Sqoop 命令，把数据从 MySQL 中导入 HBase 表中，导入命令如图 8-38 所示。

```
[root@master lib]# sqoop import \
> --connect jdbc:mysql://master:3306/company \
> --username root --password MyNewPass1! \
> --table staff \
> --split-by id \
> --hbase-table sqooptest \
> --column-family stuInfo;
```

图 8-38 导入命令

③ 查询 HBase 数据中是否存在导入数据，查询结果如图 8-39 所示。

```
hbase(main):004:0> scan 'sqooptest'
ROW                    COLUMN+CELL
 1                     column=stuInfo:name, timestamp=1619400134527, value=Thomas
 1                     column=stuInfo:sex, timestamp=1619400134527, value=Male
 2                     column=stuInfo:name, timestamp=1619400134527, value=Catalina
 2                     column=stuInfo:sex, timestamp=1619400134527, value=FeMale
2 row(s) in 0.3020 seconds

hbase(main):005:0>
```

图 8-39 查询结果

④ 数据导入成功。

课后练习

一、选择题

1. Sqoop 的底层实现是（　　）

   A. HDFS　　　B. Mapreduce　　　C. HBase　　　D. Hadoop

2. Sqoop 不支持（　　）数据库。

   A. Mysql　　　B. Oracle　　　C. MongoDB　　　D. Redis

3. Sqoop 的作用是（　　）。

   A. 用于传统关系型数据库和 Hadoop 之间传输数据

   B. 提供对日志数据进行简单处理的能力

   C. 是 Hadoop 体系中数据存储管理的基础

   D. 是一个建立在 HDFS 之上，面向列的针对结构化和半结构化数据的动态数据库

4. 选择参数是 Sqoop 指令的是（　　）。

   A. Import　　　B. Output　　　C. Hadoop　　　D. Input

5. Sqoop 实现向 hdfs 系统导入数据使用的命令是（　　）。

   A. Sqoop import　　　　　　B. Sqoop export

   C. Sqoop connect　　　　　 D. Sqoop jdbc

二、填空题

1. 通过 Sqoop 查询出连接的 MySQL 数据库中的所有数据库名的命令参数是＿＿＿＿。

2. Sqoop 主要用于在＿＿＿＿和关系型数据库之间进行传输数据。

3. 使用＿＿＿＿命令可以查看 Sqoop 指令的用法。

4. Sqoop 的迁移的方式就是把 Sqoop 的迁移命令转换成____。
5. Sqoop 是一款开源的工具，主要用于在____与____间进行数据的传递，可以将一个____数据库中的数据导到____的____中，也可以将____的数据导进到____中。

三、简答题

1. Sqoop 工作的机制是什么？
2. Sqoop 的优点有哪些？

参考文献

[1] 彭旭. HBase 入门与实践[M]. 北京：人民邮电出版社，2021.
[2] 谭磊. Hadoop 应用实战[M]. 北京：清华大学出版社，2017.
[3] 肖睿. 基于 Hadoop 与 Spark 的大数据开发实战[M]. 北京：人民邮电出版社，2018.
[4] 穆建平. Hadoop 应用开发与案例实战（慕课版）[M]. 北京：人民邮电出版社，2021.
[5] 余辉. Hadoop+Spark 生态系统操作与实战指南[M]. 北京：清华大学出版社，2017.